Bauernregeln

Springer
*Berlin
Heidelberg
New York
Hongkong
London
Mailand
Paris
Tokio*

Horst Malberg

# Bauernregeln

Aus meteorologischer Sicht

Springer

Mit 39 Abbildungen
und 21 historischen Vignetten

ISBN-13: 978-3-540-00673-2    e-ISBN-13: 978-3-642-59331-4
DOI: 10.1007/978-3-642-59331-4
Springer-Verlag Berlin Heidelberg New York
4., erweiterte Auflage

Die 1. Auflage erschien 1989 unter dem Titel
»Bauernregeln« im Springer-Verlag
ISBN-13: 978-3-540-00673-2

Bibliografische Information Der Deutschen Bibliothek
Die Deutsche Bibliothek verzeichnet diese Publikation in der Deutschen Nationalbibliografie; detaillierte bibliografische Daten sind im Internet über <http://dnb.ddb.de> abrufbar.

Dieses Werk ist urheberrechtlich geschützt. Die dadurch begründeten Rechte, insbesondere die der Übersetzung, des Nachdrucks, des Vortrags, der Entnahme von Abbildungen und Tabellen, der Funksendung, der Mikroverfilmung oder der Vervielfältigung auf anderen Wegen und der Speicherung in Datenverarbeitungsanlagen, bleiben, auch bei nur auszugsweiser Verwertung, vorbehalten. Eine Vervielfältigung dieses Werkes oder von Teilen diese Werkes ist auch im Einzelfall nur in den Grenzen der gesetzlichen Bestimmungen des Urheberrechtsgesetzes der Bundesrepublik Deutschland vom 9. September 1965 in der jeweils geltenden Fassung zulässig. Sie ist grundsätzlich vergütungspflichtig. Zuwiderhandlungen unterliegen den Strafbestimmungen des Urheberrechtsgesetzes.

Springer-Verlag Berlin Heidelberg New York
ein Unternehmen der BertelsmannSpringer
Science + Business Media GmbH

http://www.springer.de

© Springer-Verlag Berlin Heidelberg 1989, 1993, 1999, 2003

Umschlaggestaltung: Design & Production GmbH, Heidelberg
30/3141 - 5 4 3 2 1 0

# Vorwort zur 4. Auflage

Liebe Leserin, lieber Leser,
als im Jahre 1989 die 1. Auflage dieses Buches erschien, habe ich mir nicht vorstellen können, daß es einmal eine 4. Auflage geben würde. Aber wie ich auch aus vielen Zuschriften weiß, wird meine Begeisterung über die vorzügliche Naturbeobachtung unserer Ahnen und damit über die Güte der überlieferten Bauernregeln von einem großen Interessentenkreis geteilt. Darüber freue ich mich sehr, denn meine Absicht, mit den Bauernregeln auch eine verständliche Einführung in die Meteorologie zu geben, ist offensichtlich sehr positiv aufgenommen worden. Davon zeugen auch die vielen Vorträge, Zeitungs- und Rundfunkinterviews, die ich zu diesem Thema gehalten bzw. gegeben habe.

Mit jeder Auflage ist der Inhalt des Buches gewachsen. In der 2. Auflage erhöhte sich die Zahl der untersuchten Wetter-, Witterungs-, Klima- und Ernteregeln, in der 3. Auflage wurde die Frage des Mondeinflusses auf das Wetter aufgrund einer wissenschaftlichen Analyse zusätzlich behandelt. In der 4. Auflage kommen nun gleich vier weitere Kapitel hinzu, und zwar zu den hochaktuellen Themen Klima und Unwetterkatastrophen in Vergangenheit und Gegenwart.

Das Jahr 2002 war in Deutschland durch außergewöhnliche Wetterereignisse geprägt, nämlich durch die Orkanwetterfront vom 10. Juli und das Elbehochwasser Mitte August. Als Folge davon wurde in den Medien, der Öffentlichkeit und in der Wissenschaft die Problematik einer Klimaveränderung bzw. Klimakatastrophe intensiv diskutiert. Insbesondere wurde die Frage gestellt, inwieweit menschliches Wirken für die globale Erwärmung, für Extremwetterlagen und deren Auswirkungen verantwortlich zu machen ist. Diese Diskussion möchte ich in dieser Auflage zum Anlaß nehmen, den Klimawandel und die außergewöhnlichen Wetterereignisse ausführlicher zu erörtern.

Von der Eiszeit über Altertum und Mittelalter bis in die Neuzeit hat es in Mitteleuropa immer wieder Klimaänderungen gegeben. So herrschte bei uns lange Zeit ein Klima, wie es heute nördlich des Polarkreises angetroffen wird und in dem es noch keine Bäume gab. Um 1200 n. Chr., als die Wikinger nach Westen aufbrachen und die damals eisfreien Küsten Grönlands entdeckten, war es dagegen recht warm. 1320 begann dann die sog. Kleine Eiszeit, die – nur von einigen wärmeren Jahrzehnten unterbrochen – rund 400 Jahre andauerte. In dieser Zeit verschwand aufgrund der Klimaverschlechterung der Weinanbau aus Norddeutschland und in England brach die Akkerbauwirtschaft zusammen. In vielen Gemälden dieser Zeit, unter anderen der großen niederländischen Maler, spiegelt sich diese Kälteepoche in schneebedeckten Landschaften und zugefrorenen Kanälen wider.

Nachgegangen wird in diesem Zusammenhang auch der Frage, woher die Wissenschaft über das Klima und seine Änderungen in früheren Zeiten Bescheid weiß, denn moderne Wetterbeobachtungen mit Meßinstrumenten gibt es erst seit rund 300 Jahren. So ist das Kapitel 12 den »Klimazeugen der Vergangenheit« gewidmet.

Einen breiten Raum nehmen auch die außergewöhnlichen Wetterereignisse, die Wetter- und Witterungskatastrophen, ein. Vor allem seit dem Mittelalter haben wir aus den Chroniken, insbesondere denen der Klöster, gute Kenntnisse über das Auftreten von ungewöhnlich kalten und milden Wintern, von Dürren und Überschwemmungen, von Hagelunwettern und Sturm. Aber auch in antiken Schriften sind schon einzelne Angaben über besondere Wettererscheinungen zu finden.

Die Beschreibung und Diskussion des wiederholten Klimawandels sowie die Chronik außergewöhnlicher Wetterereignisse sollen helfen, die klimatologische und meteorologische Gegenwart vor dem Hintergrund der Vergangenheit besser zu verstehen und einzuordnen. Es wird auch besser verständlich, wodurch ein Naturereignis zur Katastrophe wird und welche Rolle der Mensch dabei spielt.

Berlin im Frühjahr 2003        Horst Malberg

# Vorwort zur 3. Auflage

Bei der Beschäftigung mit den mittelalterlichen Bauernregeln kommt man früher oder später an einen Punkt, an dem man sich fragt, was an den mondbezogenen Bauernregeln Dichtung und was Wahrheit ist. In vielen Regeln wird ein geheimnisvolles Wirken unseres Erdtrabanten beschrieben. So kann man über Zusammenhänge zwischen den einzelnen Mondphasen einerseits und ihren Auswirkungen auf Pflanzen, Tiere und Menschen anderseits lesen. Man erfährt z. B., wann die günstigste Zeit zum Pflanzen und Ernten, für einen Baum- oder Haarschnitt, ja selbst zum Wäschewaschen oder zum Vertreiben von Maulwürfen ist. Ein Teil dieser Regeln befaßt sich aber auch mit Aussagen über den Zusammenhang von Mond und Wettergeschehen.

Seit dem Erscheinen der 2. Auflage hat mich der Gedanke beschäftigt, den Einfluß des Mondes auf die Atmosphäre zu untersuchen und die nächste Auflage um ein Kapitel über den Mondeinfluß zu erweitern. Mein Hauptaugenmerk lag dabei naturgemäß auf den wetterbezogenen Mondregeln. Doch habe ich in die Aufzählung auch eine kleine Auswahl von allgemeinen Mondregeln aufgenommen, ohne diese jedoch im einzelnen betrachten oder gar beweisen/widerlegen zu wollen. Eingehend untersucht wurden dagegen die möglichen Auswirkungen des Mondes auf das Wetter, d. h. auf die Bewölkung und den Niederschlag.

Über 25.000 Wetterdaten mußten dazu auf einen Zusammenhang mit den Mondphasen bearbeitet werden, bevor ich mir ein fundiertes Bild über die Auswirkungen des Mondes auf die atmosphärischen Prozesse machen konnte. Dabei sind die Ergebnisse über den Mondeinfluß recht aufschlußreich, insbesondere weil sie meine anfängliche Skepsis teils widerlegen, teils aber auch bestätigen.

Die hohe Aussagekraft der schon früher untersuchten Bauernregeln hat sich auch in den vergangenen Jahren wieder bestätigt. So ließen sich z. B. die Hochsommer anhand der Siebenschläferregel recht gut vorhersagen. Sogar der nach acht milden Wintern in Folge für viele unerwartete strenge Winter 1995/96 kam gemäß der Oktoberregel keineswegs überraschend.

Die Beschäftigung mit den alten Bauernregeln und die dabei gewonnenen Erkenntnisse haben in den letzten Jahren dazu geführt, meteorologisches Forschungsneuland zu betreten und intensive Untersuchungen über einen modernen Weg zur langfristigen Wettervorhersage aufzunehmen. So konnten unsere Vorfahren nur dann eine entsprechende Bauernregel aufstellen, wenn ihnen an dem Ort, an dem sie lebten, die Atmosphäre einen Hinweis auf die Witterung der nächsten Monate gab.

Die heutige Meteorologie kann aber nach solchen Hinweisen auf die künftige Wetterentwicklung in den Wetterdaten rund um den Globus forschen. Dieses haben ein junger Mitarbeiter und ich getan und eine Methode entwickelt, die es erlaubt, Temperaturvorhersagen für mehrere Monate im voraus zu machen. Auch Aussagen über die sommerliche Wassertemperatur oder die winterlichen Eisverhältnisse an der deutschen Ostseeküste werden bald möglich sein.

Wie man sieht, haben für mich die überlieferten mittelalterlichen Bauernregeln nichts von ihrer Faszination verloren, und ich hoffe, daß es weiterhin viele Leser gibt, die diese Begeisterung mit mir teilen.

Berlin, im Frühjahr 1999    Horst Malberg

# Vorwort zur 2. Auflage

Mit großer Freude habe ich seit dem Erscheinen der 1. Auflage feststellen können, daß meine Begeisterung für die jahrhundertealten Bauernregeln von einem breiten Publikum geteilt wird. In zahlreichen Zeitungen und Zeitschriften ist das Büchlein wohlwollend besprochen worden, zu vielen Fernseh- und Hörfunksendern wurde ich eingeladen, um über die überlieferten Regeln zu sprechen. Eine große Zahl von Vorträgen habe ich zu diesem Thema gehalten. Auch langfristige Wetterprognosen über den zu erwartenden Winter oder Sommer wurden gemacht. Sie sind in einer Reihe von Zeitungen nachzulesen. So wurden z. B. die milden Winter der letzten Jahre alle gut anhand der Bauernregeln vorhergesagt.

Aber es gab auch Neues über die Interpretation der Regeln zu lernen. So setzte der aufgrund der Oktoberregel vorhergesagte Kälteeinbruch im Januar 1991 erst im letzten Monatsdrittel ein, so daß nach der Statistik nicht der Januar, sondern der Februar zu kalt wurde. Das spricht aber nicht gegen die betreffende Bauernregel, zumal in einer Form nach einem warm-trockenen Oktober auch der Februar als besonders kalt aufgeführt wird. Vielmehr zeigt diese Tatsache, wie willkürlich das starre Schema monatlicher Mittelwertbildung in bezug auf den Wetterablauf ist.

Mit dieser Schwierigkeit haben aber auch die heutigen Ansätze zur Langfristwettervorhersage zu kämpfen.

Neben dem gewachsenen Verständnis für die in den Bauernregeln enthaltenen Aussagen gab es aber auch vertiefte Erkenntnisse über eine Anzahl weiterer Bauernregeln. Dieses hat zum einen die Zahl der untersuchten Regeln um 100 auf über 400 erhöht. Zum anderen wurde zu den Regeln zur Wetter-, Witterungs- und Erntevorhersage eine vierte Gruppe eingeführt, die als kalendergebundene Klimaregeln bezeichnet werden. Die Aussagen zu diesen, in der Fachsprache als Singularitäten bezeichneten alljährlich fast regelmäßig wiederkehrenden Witterungsereignisse, wie z. B. die Schafskälte Mitte Juni, verdeutlichen, daß unsere Vorfahren auch über die klimatischen Verhältnisse ihrer Heimatregion gut Bescheid wußten.

Ein kleines Kapitel über die Geschichte unseres Kalenders soll die Betrachtungen über die jahrhundertealten Bauernregeln, den 100jährigen Kalender und die vom Aberglauben beherrschten Aussagen in der Bauern-Praktik abrunden.

Berlin, im Frühjahr 1993　　　　　Horst Malberg

# Vorwort zur 1. Auflage

> »Alles bedenke zugleich
> wenn den Jahresablauf du erforschst,
> auf daß du leichtfertig nimmer,
> die Wetterzeichen dir deutest.«
> Aratos (Gr.), 3. Jhd. v. Chr.

Liebe Leser,
in letzter Zeit bin ich recht häufig gefragt worden, wie ein moderner Klima-/Wetterwissenschaftler dazu kommt, sich mit den alten Bauernregeln zu beschäftigen. Nun, am Anfang stand der Telefonanruf einer älteren Dame. Sie fand den Wetterbericht des letzten Tages wenig zutreffend, vermißte außerdem langfristige Wettervorhersagen für den nächten Monat bzw. die nächste Jahreszeit und fragte mich im Laufe des Gesprächs, warum unsere Vorhersagemeteorologen denn nicht auch mit den Bauernregeln und dem 100jährigen Kalender arbeiteten.

Bei dieser Frage zuckt ein Wetterwissenschaftler von heute bis in die Zehenspitzen zusammen, ist er es doch gewohnt, mit Wetterradar, mit Satellitendaten und Computern umzugehen. Meteorologe zu sein, heißt Physik studiert zu haben, sich mit der Physik der Atmosphäre zu beschäftigen, denn auch das leichteste Lüftchen bewegt sich nicht ohne eine physikalische Ursache. Von dem augenblicklichen Wetterzustand soll der Vorhersagemeteorologe physikalisch fundiert auf den Wetterverlauf der nächsten Stunden, Tage und Wochen schließen. Und dann die Frage nach den Bauernregeln und dem 100jährigen Kalender!

Aber so ein Gespräch wirkt nach. Hat nicht schon Goethe gesagt: »Was du ererbst von deinen Vätern, erwirb es, um es zu besitzen.« In diesem Sinne begann mein wissenschaftliches Hobby, begann ich mich mit den überlieferten Bauernregeln zu beschäftigen.

Im letzten Jahr hielt ich meinen ersten Vortrag darüber. Das Echo darauf war für einen Wissenschaftler, der gewöhnlich nur im Stillen arbeitet, gewissermaßen »vor sich hin forscht«, geradezu überwältigend. In Tageszeitungen, Zeitschriften und im Radio wurde das Thema aufgegriffen. Viele Zuschriften erreichten mich, viele Bauernregeln wurden mir zugeschickt. Natürlich kann und will dieses Buch nicht den Anspruch erheben, alle Bauernregeln wiederzugeben. Es soll ein exemplarischer Versuch sein, ihnen wissenschaftliche Gerechtigkeit widerfahren zu lassen. Die Untersuchung weiterer Wetterregeln wird im Laufe der Zeit folgen. Ich hoffe, daß es mir gelingt, meine Begeisterung über die guten Wetterbeobachtungen unserer Vorfahren weiterzugeben, denn auch in Gegenwart und Zukunft wird eine gute Wetterbeobachtung stets die Voraussetzung für eine gute Wetterprognose sein.

Mein herzlichster Dank gilt Herrn Gerald Roll für die Unterstützung bei der Auswertung der Klimadaten und Frau Annett Wedler für die Erstellung der Abbildungen.

Berlin, Frühjahr 1989        Horst Malberg

# Inhaltsverzeichnis

| | |
|---|---|
| **1 Einführung** | 1 |
| **2 Kalendergebundene Klimaregeln** | 9 |
| Januar – März | 14 |
| April – Juni | 16 |
| Juli – September | 23 |
| Oktober – Dezember | 25 |
| **3 Wetterregeln** | 30 |
| Der Wind | 31 |
| Der Nebel | 43 |
| Wolken und Niederschlag | 47 |
| Optische Erscheinungen | 56 |
| Das Gewitter | 62 |
| Der Föhn | 67 |
| Wechselhaft | 69 |
| **4 Witterungsregeln** | 73 |
| Januarregeln | 80 |
| Februarregeln | 84 |
| Märzregeln | 87 |
| Aprilregeln | 91 |
| Mairegeln | 93 |
| Juniregeln | 95 |
| Juliregeln | 97 |

Augustregeln .................... 101
Septemberregeln .................. 104
Oktoberregeln .................... 109
Novemberregeln .................. 114
Dezemberregeln .................. 117

**5 Tier- und Pflanzenregeln** ......... 121
Tierverhalten und Wetter ............. 122
Tier-/Pflanzenverhalten und Witterung .. 125

**6 Ernteregeln** ................... 131
Herbst .......................... 136
Winter .......................... 137
Frühjahr ........................ 140
Sommer ......................... 145

**7 Der 100jährige Kalender** ........ 149

**8 Die Bauern-Praktik** ............. 160

**9 Der Kalender** .................. 165

**10 Der Mondeinfluß** .............. 170

**11 Klimawandel in Mitteleuropa** ..... 194

**12 Klimazeugen der Vergangenheit** ... 199

**13 Außergewöhnliche Wetterereignisse** 204

**14 Chronik außergewöhnlicher Wetterereignisse** ................. 207

**15 Schlußbetrachtungen** .......... 218

**Literatur** ....................... 223

**Glossar** ........................ 225

# 1 Einführung

Alle reden vom Wetter, so läßt sich in knapper Form zusammenfassen, daß das Wettergeschehen als bedeutender Umweltfaktor die Menschen schon interessiert hat, als ihnen der physikalische Grundsatz von Ursache und Wirkung, z. B. ohne Wasserdampf keine Wolken, noch völlig verborgen war.

Der frühzeitliche Mensch sah in den Himmelserscheinungen das Wirken der Götter; meteorologische wie astronomische Himmelserscheinungen waren für ihn Ausdrucksformen göttlichen Wohlwollens oder Unwillens. Er war daher bestrebt, diese Wahrzeichen zu beobachten und zu deuten. So verwundert es nicht, daß in den Frühkulturen Astrologie und Meteorologie zu einer »Astro-Meteorologie« verbunden waren. Die ursprüngliche Wetterbeobachtung resultierte daher offensichtlich aus dem Bedürfnis, den Willen der Götter zu ergründen und damit die eigene Zukunft vorherzusagen.

Bei schlechtem astro-meteorologischen Wahrzeichen versuchte man die Götter durch Kulthandlungen ggf. auch durch Opfer gnädig zu stimmen. In vielen Gebieten der Erde (Afrika, Australien, Amerika) flehte man in Dürreperioden durch Beschwörungszeremonien und Tänze den Regengott um Regen. So wird z. B.

berichtet, daß man dabei bunte Steine in die Sonne legte, um den Regenbogen herbeizuholen, daß jungfräuliche Mädchen bei kultischen Zeremonien mit Wasser überschüttet wurden oder daß man Tiere opferte.

Wie eng in der Frühzeit Meteorologie und Astrologie miteinander in Verbindung gebracht wurden, belegt eine Keilschrift aus dem alten Babylon. Dort ist zu lesen:

»Ist der Mond von einem Ring umgeben, wird der König die Vormacht erringen.«

Eine meteorologische Erscheinung wird hier zur Zukunftsdeutung benutzt. Auf einer Tempelsäule fand sich ferner die Inschrift:

»Wettergott Adat möge mit seinen Regenfluten das Land der Gesetzesfrevler vernichten.«

Im Gilgamesch-Epos, der Weltentstehungsgeschichte der Babylonier, wird die Sintflut so geschildert (Schneider-Carius, 1955):

»Es stieg vom Fundament des Himmels schwarzes Gewölk empor.
Adat toste darinnen.«

Auch im alten China dienten meteorologische Erscheinungen (Regenbogen, Ringe um Sonne und Mond, besonders intensive Sonnenauf- und Sonnenuntergänge) ebenso wie astronomische Erscheinungen (Sonnen- und Mondfinsternis, Kometen, Sternschnuppen) zur Zukunftsdeutung. Sogar von einem Amt wird berichtet, das aufgrund der Himmelsbeobachtungen Vorhersagen für den Kaiser über Dürren und Überschwemmungen, aber auch über Krankheiten, Aufstände, Kriege machen mußte. Krasse Fehlprognosen wurden dabei mit dem Tode bestraft. Ein furchtbarer Gedanke für jeden Meteorologen. Kein Wunder, daß diese Tradition nicht überlebt hat.

In vielen Frühkulturen galt der Frosch als regenbringendes Symbol. Dieses gilt vor allem in Gebieten mit jahreszeitlichen Regen- und Trockenzeiten. Ihr Quaken verschwindet, wenn die Trockenzeit naht, und kommt wieder, wenn die Regenzeit beginnt. So lautet eine ostafrikanische Aussage:

»Froschquaken bringt Regen.«

Da aber hier Ursache und Wirkung miteinander vertauscht sind, müßte es richtig heißen:

»Frösche quaken nur –
das Wetter machen sie nicht.«

Wahrscheinlich geht auf die Beobachtung in den wechselfeuchten Gebieten der Erde über den Zusammenhang von Froschquaken und Regenzeit auch die Fabel zurück, daß in Mitteleuropa aus dem Verhalten von Laubfröschen auf Regen geschlossen werden kann. Nur finden wir bei uns ein immerfeuchtes Klima, wobei an die Stelle der Trockenzeit die Winterruhe tritt. Märchen halten sich bekanntlich sehr lange – und das vom Laubfrosch auf der Leiter gehört dazu.

Der eingangs zitierte Ausspruch »alle reden vom Wetter« gilt in besonderem Maße auch für die Bauernregeln. Sie sind in Skandinavien ebenso anzutreffen wie in Mittel- und Westeuropa, auf dem Balkan ebenso wie in Spanien, Portugal, Brasilien oder bei den Indianern Nordamerikas. Die früheste gedruckte Sammlung von Bauernregeln in deutscher Sprache findet sich im »Wetterbüchlein« von R. Reynmanns aus dem Jahre 1505. In ihm taucht auch erstmals der Begriff »Bauernregeln« auf, woraus sich folgern läßt, daß diese Bezeichnung um 1500 herum schon sehr gebräuchlich, d. h. allgemein verständlich gewesen sein muß.

Aber schon im alten Griechenland und Rom lassen sich Bauernregeln nachweisen. So ist in einer griechischen Schrift aus vorchristlicher Zeit sinngemäß zu lesen:

Nordwind, der bei Nacht entsteht,
bis zum dritten Tag vergeht.

Offensichtlich war der Nordwind auf der Rückseite eines durchziehenden Tiefs gemeint. Eine altrömische Bauernregel (4. Jahrhundert n. Chr.) lautet:

Winterstaub und Frühjahrsregen
bringt, Camill, dir Erntesegen.

Sie findet eine Parallele in der deutschen Bauernregel

Märzenstaub und Aprilregen,
kommt dem Bauern sehr gelegen.

In Deutschland ist der erste Hinweis auf Bauernregeln bei Albertus Magnus (1193–1280) zu finden. »Über die Beschaffenheit des Windes« heißt seine in Latein geschriebene Abhandlung, in der Bezeichnungen wie »bäuerliche Beobachtungen« und »Vorauskenntnis der Bauern« auftauchen. Der Satz:

qui in hyeme quando remittur frigus
expectant nivem
nisi sint nubes obscurae

findet sich als Bauernregel in Reynmanns Wetterbüchlein (Ausgabe 1510) in deutscher Reimform wieder:

Wenn sich die kellt im wintter lindet
alsbald man schnees empfindet.
Es seyen dann dunckel wolcken dabey
so sag das es ain regen sey.

Eine weitere frühe Sammlung von Bauernregeln stammt von dem Astrologen Johannes Rasch, der um 1590, also acht Jahre nach Einführung des Gregorianischen Kalenders, ein Buch »New Loßtäg« schrieb, in dem er die Tage, an denen sich das Los des Wetters entscheidet, dem neuen Kalender anpaßte. 1591 erschien eine etwas größere Sammlung von Bauernregeln in dem von dem Prediger Johann Colerus herausgegebenen »Calendarium oeconomicum et perpetuum«. Dieses Werk erlebte viele Auflagen und wurde ein verbreitetes Haus- und Volksbuch.

Um die Bauernregeln in einen größeren Zusammenhang zu stellen, sei kurz auf die Entwicklung der Meteorologie und Klimatologie eingegangen. Die ältesten systematischen Wetteraufzeichnungen stammen aus Indien, wo bereits im 4. Jahrhundert v. Chr. Regenmessungen durchgeführt wurden, bzw. aus Griechenland, wo schon im 1. Jahrhundert v. Chr. Windrichtungsbeobachtungen stattfanden.

Die ältesten tagebuchartigen Wetteraufzeichnungen sind für die Jahre 1337–1344 aus England bekannt. In Deutschland führte erst 1635 der Markgraf von Hessen systematische Wetterbeobachtungen in Hessen und Pommern durch. Besondere Bedeutung haben die Wetteraufzeichnungen von 1652–1658 des Bamberger Abtes Moritz Knauer erlangt, da sie die Grundlage des 100jährigen Kalenders (Kap. 7) wurden.

Eine neue Epoche der Wetterbeobachtung setzte mit der Entwicklung der meteorologischen Instrumente ein. 1592 entwickelte Galilei das Prinzip der Temperatur- und 1634 Torricelli das der Luftdruckmessung. Die älteste instrumentelle meteorologische Meßreihe in Deutschland stammt von dem Kieler Professor S. Reyer (1679–1714). Viele Meßreihen folgten.

Zu den meteorologischen Bodenbeobachtungen gesellten sich vor gut 100 Jahren die ersten Bergobservatorien, so z. B. auf dem Sonnblick. Im Jahr 1900 folgte das Zugspitz-Observatorium.

Heute stehen zur Wetterbeobachtung neben den herkömmlichen Instrumenten (Thermometer, Barometer, Hygrometer) Wetterballons (seit 1930), Wetterradar (seit 1950) und Wettersatelliten (seit 1960) zur Verfügung. Alle Daten werden in Großrechenanlagen gesammelt, verarbeitet und gespeichert.

Trotz aller wissenschaftlicher und technischer Entwicklung hat sich aber die von Bauernregeln ausgehende Faszination bis in die Gegenwart erhalten, wobei die Rückbesinnung auf die Natur auch wieder zu einer verstärkten persönlichen Wetterbeobachtung führen kann.

Bei näherer Beschäftigung mit den Bauernregeln fällt auf, daß es sehr verschiedene Arten gibt. Viele von ihnen sind Lebensweisheiten, wie z. B. »Spinnen am Morgen bringt Kummer und Sorgen«. Sie sollten bei den Betrachtungen ausgeschlossen bleiben. Viele von ihnen handeln vom Wetter, aber nicht alle haben etwas mit einer Wettervorhersage zu tun.

»Morgenrot – Schlechtwetter droht«, sagt etwas über die in den nächsten Stunden zu erwartende Wetterentwicklung aus. Daher soll dieser Typ als »Wetterregeln« bezeichnet werden.

»Regnet es am Siebenschläfertag, es noch sieben Wochen regnen mag«, deutet auf den Wettercharakter in den nächsten Wochen hin, also auf die zu erwartende Witterung. Entsprechend wird diese Art als »Witterungsregeln« bezeichnet.

»Ist der Mai kühl und naß, füllt's dem Bauern Scheun und Faß.« Derartige Regeln gehen zwar auch von einem Wetterzustand aus, doch dienen sie nicht der Wetter- oder Witterungsprognose, sondern der Erntevorhersage. Folglich sind derartige Regeln als »Ernteregeln« zu verstehen.

Mit den Wetter-, Witterungs- und Ernteregeln versuchten unsere Vorfahren Vorhersagen nach dem Prinzip von Ursache und Wirkung zu machen, d. h. diese Regeln basieren auf dem Prinzip: wenn der Himmel morgens rot ist, wenn es an Siebenschläfer regnet, wenn der Mai kühl und naß ist, dann hat das die genannten Auswirkungen auf das Wetter oder die Ernte.

»Erst Mitte Mai – ist der Winter vorbei.« gehört daher streng genommen in eine vierte Gruppe der Bauernregeln. Sie sagen etwas darüber aus, wie im allgemeinen das Wetter in einem bestimmten Monat, zu einem bestimmten Zeitpunkt ist. Diese Regeln sollen daher als »kalendergebundene Klimaregel« bezeichnet werden.

Was die Eintreffgenauigkeit der Bauernwetterregeln betrifft, so gehen die Meinungen heute wie schon vor Jahrhunderten auseinander. So erschien z. B.

1844 eine Veröffentlichung unter dem optimistischen Titel »Der untrügliche Wetterprophet« und 1866 ein Büchlein mit dem geheimnisvollen Titel »Des Landwirth's Orakel«. Wichtig ist, daß man versucht, die Regeln ihrem Sinn nach zu interpretieren. Wie falsch es wäre, sie einfach formal anzuwenden, sei an der Siebenschläferregel erläutert. Niemand würde nach einem verregneten Siebenschläfertag eine Sintflut, also 7 Wochen ununterbrochen Regen erwarten. Ihre Aussage ist, daß mit einem wechselhaften Wettercharakter und wiederholten Regenfällen zu rechnen ist. Auch spricht es nicht gegen alle Bauernregeln, wenn in einer Region nicht alle Regeln stimmen, denn vielfach sind Regeln im Laufe der Zeit in Gegenden getragen und übernommen worden, wo andere Wetterbedingungen herrschen. So ist z. B. Nordwind vor einem Gebirge mit anderem Wetter als hinter einem Gebirge verbunden.

Hüten sollte man sich auch davor, unsere Vorfahren zu unterschätzen. Hinsichtlich der Naturbeobachtung dürften sie dem modernen Stadtmenschen weit überlegen gewesen sein.

Einen weiteren Sachverhalt gilt es noch zu bedenken. Bauernregeln liefern statistische Aussagen über den zu erwartenden Wetter- bzw. Witterungsverlauf, d. h. sie besitzen wie jede Regel eine teils größere, teils weniger große Eintreffwahrscheinlichkeit. Würden sie immer eintreffen, hätten wir es mit Naturgesetzen zu tun. Aber schon der aus dem Mittelalter stammende Begriff »Bauernregel« bringt klar zum Ausdruck, daß den Aussagen Grenzen gesetzt sind. »Keine Regel ohne Ausnahme« sagt der Volksmund, und genau das ist der Punkt, nämlich die Frage nach ihrer Aussagekraft, die die nachfolgenden Ausführungen erhellen sollen.

# 2 Kalendergebundene Klimaregeln

Das Wort »Klima« kommt aus dem Griechischen und bedeutet so viel wie »Neigung, Schräge«. Gemeint ist damit die Sonnenstrahlung, die in den Tropen steil, zu den Polargebieten aber immer flacher auf die Erde einfällt. In den Tropen steht die Mittagssonne senkrecht am Himmel. In Mitteleuropa steht sie im Sommer 60°, im Winter nur 20° über dem Horizont, im Polargebiet geht die Sonne im Winter überhaupt nicht auf (Polarnacht), während sie im Sommer 23° am Pol und etwa 45° am Nordkap erreicht. Diese Tatsache hat entscheidende Auswirkungen auf die Temperaturverhältnisse in den einzelnen Regionen und damit auf deren Klima.

Unter »Klima« verstehen wir daher in der einfachsten Definition die mittleren Verhältnisse von Temperatur, Niederschlag, Bedeckungsgrad, Sonnenscheindauer, Luftdruck, Wind usw. in einem Gebiet. Beschrieben wird das Klima vor allem durch seine Durchschnittstemperatur, z. B. 10 °C, und seine durchschnittliche Niederschlagsmenge im Jahr, z. B. 600 l/qm (600 mm).

Will man detailliertere Informationen über das Klima eines Gebietes haben, so nimmt man anstelle der o. g. Jahresmittelwerte die monatlichen Durch-

**Tabelle 1.** Mitteltemperaturen und Niederschlagsmenge verschiedener Klimazonen

Mitteltemperatur (°C)

|      | Stanley-ville (Kongo) | Assuan (Ägypten) | Valetta (Malta) | Berlin | Helsinki (Finnl.) |
|------|------|------|------|------|------|
| Jan  | 25,9 | 16,6 | 12,3 | –0,4 | –6,0 |
| Feb  | 25,9 | 18,4 | 13,5 |  0,2 | –6,6 |
| Mär  | 25,9 | 22,5 | 13,7 |  3,9 | –3,4 |
| Apr  | 26,1 | 27,3 | 15,7 |  8,4 |  2,8 |
| Mai  | 25,6 | 31,3 | 18,8 | 13,6 |  8,9 |
| Jun  | 25,3 | 33,7 | 22,7 | 16,6 | 13,9 |
| Jul  | 24,2 | 33,6 | 25,5 | 18,3 | 17,0 |
| Aug  | 24,2 | 33,6 | 26,1 | 17,3 | 15,9 |
| Sep  | 24,7 | 31,7 | 24,4 | 13,7 | 11,2 |
| Okt  | 25,0 | 29,2 | 21,4 |  9,0 |  5,4 |
| Nov  | 24,7 | 23,7 | 17,7 |  4,2 |  1,4 |
| Dez  | 25,0 | 18,4 | 14,0 |  0,9 | –2,7 |
| Jahr | 25,2 | 26,7 | 18,8 |  8,8 |  4,8 |

Niederschlagsmenge (mm)

|      | Stanley-ville (Kongo) | Assuan (Ägypten) | Valetta (Malta) | Berlin | Helsinki (Finnl.) |
|------|------|---|-----|-----|-----|
| Jan  |   53 | 2 |  90 |  46 |  56 |
| Feb  |   84 | 0 |  60 |  37 |  42 |
| Mär  |  178 | 0 |  39 |  35 |  36 |
| Apr  |  158 | 0 |  15 |  43 |  44 |
| Mai  |  137 | 0 |  12 |  51 |  41 |
| Jun  |  114 | 0 |   2 |  65 |  51 |
| Jul  |  132 | 0 |   0 |  66 |  68 |
| Aug  |  165 | 0 |   8 |  66 |  72 |
| Sep  |  183 | 0 |  29 |  45 |  71 |
| Okt  |  218 | 2 |  63 |  42 |  73 |
| Nov  |  198 | 0 |  91 |  48 |  68 |
| Dez  |   84 | 0 | 110 |  50 |  66 |
| Jahr | 1704 | 4 | 519 | 594 | 688 |

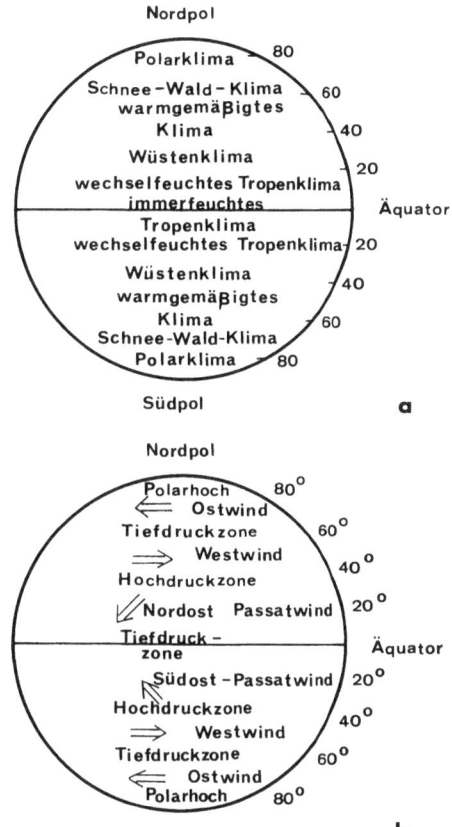

**Abb. 1.** Schematische Darstellung der Klimazonen der Erde (**a**) sowie der großen Luftdruck- und Windsysteme (**b**).

schnittswerte. In Tabelle 1 sind für verschiedene Klimazonen der Erde die Monatsmitteltemperaturen und die mittlere monatliche Niederschlagsmenge aufgeführt.

Die Werte von Stanleyville im Kongo entsprechen dem Tropenklima mit seinen gleichmäßig hohen Temperaturen und den großen Niederschlagsmengen. Assuan ist ein Beispiel für das trockene Wüstenklima mit seinen heißen Sommern. Valetta auf der Insel Malta im Mittelmeer und Berlin repräsentieren das warm-gemäßigte Klima, wobei es im Mittelmeer im Sommer trocken und im Winter regnerisch ist, während in Mitteleuropa in allen Monaten reichlich Niederschläge auftreten. Das gleiche gilt für Helsinki, doch ist es in dem dortigen Schnee-Wald-Klima im Winter deutlich kälter als bei uns. Noch kälter ist es im Tundrenklima von Spitzbergen. Die Abb. 1 zeigt in schematischer Form die einzelnen Klimazonen und die großräumigen Windsysteme auf der Erde.

Nach dieser allgemeinen Betrachtung der Klimazonen der Erde kehren wir zurück zu den Bauernregeln. Noch mehr Einzelheiten, als die monatlichen Mittelwerte liefern, erhält man, wenn man den mittleren Verlauf, z. B. der Temperatur, im Laufe eines Jahres betrachtet. Dazu benutzt man heute die jahrzehnte- bis jahrhundertelangen täglichen Klimabeobachtungen und berechnet, welche durchschnittliche Temperatur an jedem einzelnen Tag des Jahres zu erwarten ist. In Abb. 2 sind die Ergebnisse für Berlin wiedergegeben. Wie ein Vergleich mit Tabelle 1 zeigt, lassen sich viel mehr Einzelheiten erkennen. Entsprechendes gilt, wenn man berechnet, mit welcher Niederschlagswahrscheinlichkeit man an jedem einzelnen Tag des Jahres zu rechnen hat.

Auf diese Weise kann man heute auf klimatologischer Grundlage viele Fragen beantworten, so z. B. an welchen Tagen in den einzelnen Monaten die Wahrscheinlichkeit für regnerisches oder trockenes Wetter, für Warmluftvorstöße oder Kaltlufteinbrüche, für wolkenreiches oder sonniges Wetter besonders groß oder gering ist. Danach lassen sich der Urlaub, große Sportveranstaltungen, landwirtschaftliche Arbeiten, Baumaßnahmen usw. grundsätzlich planen.

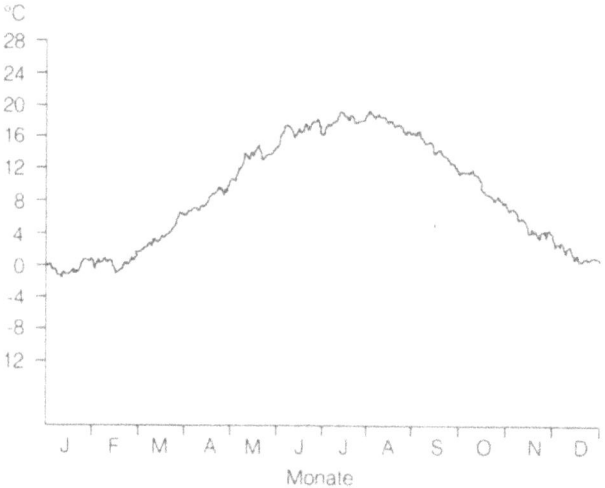

**Abb. 2.** Jahresverlauf der täglichen Durchschnittstemperatur in Berlin (Mittelwerte aus 30 Jahren).

Natürlich hält das Wetter sich nicht genau an den vom Klima vorgegebenen Termin, es kann Verschiebungen um einige Tage nach vorne oder hinten geben, doch dürfte für die langfristige Planung der ungefähre Termin, wann z. B. der Erdboden frostfrei ist, hinreichend genau sein.

Unsere mittelalterlichen Vorfahren hatten weder meteorologische Meßinstrumente, noch hatten sie folglich eine ausgefeilte Klimastatistik. Dennoch waren sie über die klimatischen Verhältnisse in ihrem Lebensraum gut informiert. Dieses belegen die zahlreichen kalendergebundenen Klimaregeln, die man in der Fachsprache der Klimatologie »Singularitäten« nennt, also besondere Ereignisse im Jahreswitterungsverlauf, und mit deren Güte sich vor allem Bisolli (1991) in jüngster Zeit beschäftigt hat. Nachfolgend soll der grundsätzliche Kern der kalendergebundenen

Klimaregeln diskutiert werden, wohl wissend, daß das Wetter sich zwar nicht an einen einzelnen Tag, häufig aber durchaus an eine Zeitspanne um diesen Tag hält. Es geht daher bei diesen Langfristregeln nicht so sehr um taggenaue Vorhersagen, sondern um die Kenntnisse unserer Vorfahren über das Klima ihrer Heimatregion.

## Kalendergebundene Klimaregeln Januar – März

1. Wenn der Tag beginnt zu langen,
   kommt der Winter erst gegangen.
2. Werden die Tage länger
   wird der Winter strenger.
3. An Fabian und Sebastian (20. Januar)
   fängt der rechte Winter an.
4. Pauli Bekehr (5. Januar)
   der halbe Winter hin, der halbe her.
5. Januarsonne
   hat weder Kraft noch Wonne.
6. Der Februar hat seine Mucken
   baut von Eis oft feste Brucken.
7. Der Februar sagt zum Januar,
   hätt' ich die Gewalt wie du
   erfrör das Kalb in der Kuh.
8. Der Februar baut manche Brück'
   der März bricht ihnen das Genick.
9. Am Blasiustag (3. Februar)
   stößt sich der Winter die Hörner ab.
10. Lichtmess (2. Februar) verlängert den Tag
    um 1 Stunde
    für Menschen, Vögel und Hunde.

11  St. Dorothee (6. Februar) watet gern im Schnee
12  St. Dorothee bringt den meisten Schnee.
13  Am Gregortag (2. März) schwimmt das Eis ins Meer.
14  Am Tage von St. Valentin (14. Februar) gehen Eis und Schnee dahin.
15  Taut es vor und auf Mattheis (24. Februar) sieht es schlecht aus mit dem Eis.
16  Am Matthiastag (24. Februar) kein Fuchs über das Eis gehen mag.
17  Der Matthis (24. Februar) bricht's Eis, findet er keins, dann macht er eins.
18  Alexander und Leander (28. Februar) suchen Märzluft miteinander.
19  Kunigund (3. März) macht warm von unt'.
20  Wenn's erst einmal Josefi (19. März) ist, so endet auch der Winter g'wiß.

Nach der Wintersonnenwende am 22. Dezember werden die Nächte wieder kürzer und die Tage länger, doch danach beginnt, wie Abb. 2 zeigt, erst der Hochwinter (Regeln 1, 2, 3) mit seinen niedrigsten Temperaturen. In der Polarregion hat sich inzwischen als Folge der Polarnacht, also fehlender Sonneneinstrahlung, die Luft stark abgekühlt, so daß bei Kaltluftvorstößen nach Mitteleuropa meist die niedrigsten Temperaturen auftreten. Die Januarsonne steht noch so tief, daß sie die Luft nur wenig erwärmen kann (Regel 5).

Der Februar zeichnet sich zwar auch durch winterliches Wetter aus (Regeln 11, 12), doch ist er im allgemeinen schon nicht mehr so kalt wie der Januar (Regel 7). Dieses erklärt sich durch die zunehmende Tageslänge und Sonnenhöhe (Regel 10). Die Bestätigung dafür liefern in Tabelle 1 die Werte für Berlin. Auch Warmlufteinbrüche mit Tauwetter sind nach Abb. 2 im Februar häufiger zu betrachten (Regeln 9, 14, 15, 16). Der Spätwinter Mitte Februar (Abb. 2) ist mit einem kräftigen Hochdruckgebiet verbunden. Danach nimmt der Luftdruck bis Ende März deutlich ab (Abb. 3). Die Kraft der Märzsonne erwärmt Erdboden und Luft, so daß das winterliche Regime im allgemeinen beendet ist (Regeln 19, 20), auch wenn mit winterlichen Nachwehen und Nachtfrösten noch eine ganze Weile zu rechnen ist. In einigen Teilen Deutschlands gilt daher der Matthias als Tag für eine durchgreifende Wetterumstellung (Regel 17).

## Kalendergebundene Klimaregeln April – Juni

21 Der April ist ein launischer Gesell
   bald ist er trüb, bald ist er hell.
22 Der April macht, was er will.
23 Aprilwetter und Kartenglück,
   wechseln jeden Augenblick.
24 Der heilige Ambrosius (4. April)
   schneit oft dem Bauern auf den Fuß.
25 St. Georg (23. April) kommt nach alten Sitten
   zumeist auf einem Schimmel angeritten.
26 Der Mai in der Mitte,
   hat für den Winter stets noch eine Hütte.
27 Ehe nicht Pankratius, Servatius
   und Bonifazius vorbei (12.–14. Mai)
   ist nicht sicher vor Kälte der Mai.
28 Pankraz und Servaz (12./13. Mai)
   sind zwei Brüder,
   was der Frühling gebracht, zerstören sie wieder.

29 Servatius Hund der Ostwind ist,
hat schon manch' Blümlein totgeküßt.
30 Wer sein Schaf schert vor Servaz (13. Mai),
dem ist die Wolle lieber als das Schaf.
31 Pankraz, Servaz, Bonifaz
und die kalte Sophie (15. Mai),
vorher lach' nie.
32 Vor Nachtfrost bist du sicher nicht,
bevor Sophie (15. Mai) vorüber ist.
33 Erst Mitte Mai ist der Winter vorbei.
34 St. Urban (25. Mai) gibt der Kält' den Rest,
wenn Servaz noch etwas übrig läßt.
35 Der Wind dreht sich um St. Veit (15. Juni),
da legt sich's Laub auf die andere Seit'.
36 St. Vit (15. Juni) bringt Regen mit.
37 Menschensinn und Juniwind,
ändern sich geschwind.
38 St. Barnabas (11. Juni) hat den längsten Tag,
und das längste Gras.
39 Johannistag (24. Juni) tut dem Winter
wieder die Türe auf.
40 Wenn die Nacht zu langen beginnt,
die Hitze am stärksten zunimmt.
41 Im Juni, Bauer, bete,
daß der Hagel nicht alles zertrete.

Über die Wechselhaftigkeit des »Aprilwetters« viele Worte zu machen, hieße Eulen nach Athen tragen (Regeln 21–25). Die Ursache für den hohen Grad an Unbeständigkeit ist, daß sich der europäische Kontinent bereits erwärmt hat, während die Kaltluft im Polargebiet und der nördliche Atlantik noch recht niedrige Temperaturen aufweisen. Gelangt die frische Polarluft bei ihrem Vorstoß nach Süden unter Tiefdruckeinfluß über das warme Festland, so steigt vom

Boden erwärmte Kaltluft auf. Der in ihr enthaltene Wasserdampf kondensiert in der Höhe, und es bilden sich Schauerwolken. Da für die aufsteigende Luft als Ersatz Luft aus der Höhe absinken muß und da in absteigender Luft die relative Luftfeuchte zurückgeht, entstehen in solchen Absinkzonen die Wolkenlücken. Dieser Gesamtvorgang von auf- und absteigender Luft, den man als Konvektion bezeichnet, schafft den »raschen Wechsel von kurzen Aufheiterungen mit starker Bewölkung mit wiederholten Schnee-, Regen- oder Graupelschauern«, wie es im Wetterbericht heißt.

Das herausragende meteorologische Witterungsereignis im Mai sind die Eisheiligen. Zahlreiche Bauernregeln beschäftigen sich mit den Eisheiligen Pankratius, Servatius, Bonifatius (12.–14. Mai) sowie in Süddeutschland zusätzlich mit der kalten Sophie (15. Mai) (Regeln 26–33). Dabei kommt neben der Höhenlage des süddeutschen Raumes mit dem zusätzlichen Eisheiligentag zum Ausdruck, daß die Kaltluft etliche Stunden braucht, ehe sie von Nord- nach Süddeutschland gelangt.

Wirft man einen Blick auf den mittleren jährlichen Verlauf des Bodenluftdrucks (Abb. 3), so entspricht der relativ hohe Luftdruck im Januar dem Hochwinter, d. h. dem Einfluß des sibirischen Hochs

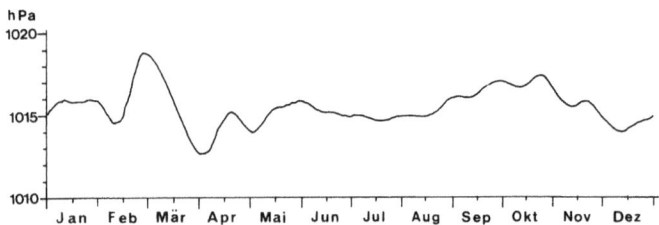

**Abb. 3.** Durchschnittlicher Jahresgang des Luftdrucks.

auf Mitteleuropa; der höhere Luftdruck in der zweiten Februarhälfte entspricht dem Spätwinter. Auch im Mai bedeutet der hohe Luftdruck für Mitteleuropa trockene und z. T. kühle Winde aus Nord bis Ost (Regel 29). Trotz einer täglichen Sonnenscheindauer von 10 Stunden oder mehr vermag bei nördlichen Winden die Lufttemperatur selbst zur Mittagszeit nicht einmal auf 15 °C anzusteigen. In den klaren Nächten geht die Temperatur dann stark zurück, und es besteht Frost-, vor allem aber Bodenfrostgefahr. Wie ist nun die besondere Bedeutung der Eisheiligen, also der Tage zwischen dem 12. und 14. (Pankratius, Servatius, Bonifazius) bzw. in Süddeutschland bis zum 15. Mai (kalte Sophie) zu erklären? Nach Abb. 4, in der die Häufigkeit von Frost- und Bodenfrosttagen in 80 bzw. 53 Jahren dargestellt ist, nimmt die Frostgefahr im Laufe des Monats ab. Dabei beträgt die Bodenfrostwahrscheinlichkeit in den ersten 5 Mainächten 39 %, in der zweiten Pentade 33 %.

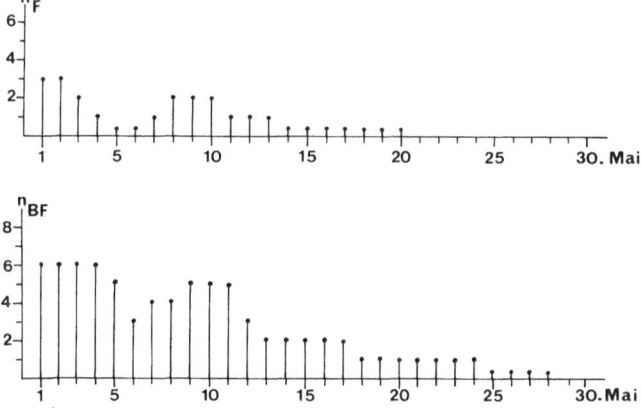

**Abb. 4.** Häufigkeit von Frost- *(F)* und Bodenfrosttagen *(BF)* vom 1.–31. Mai in einem 80- bzw. 53-jährigen Zeitraum.

Zwischen dem 11./12. und 15./16. sind es noch 18 %. In den folgenden 5 Tagen sinkt dann die Wahrscheinlichkeit auf 5 % und danach weiter ab.

Neben diesem meteorologischen Effekt spielt aber bei der Diskussion der Eisheiligenregeln der Entwicklungsstand der Vegetation zu dieser Zeit eine entscheidende Rolle. Vor allem, wenn es Anfang Mai warm war und die Bäume und Sträucher in voller Blütenpracht standen, wirken sich Kälterückfälle Mitte Mai verheerend aus. Dieses folgt aus Regel 28, kommt aber noch deutlicher in einer Ernteregel zum Ausdruck, in der es heißt: »Frost im Mai, schadet Wein, Hopfen, Bäumen, Korn und Lein.«

In Mulden und Tallagen, wo sich die von den Hängen nachts abfließende Kaltluft zu »Kaltluftseen« sammelt, besteht auch nach den Eisheiligen noch eine erhöhte Frostgefahr (Regel 34).

Die Schafskälte Mitte Juni kommt so regelmäßig daher, daß sie schon von unseren Vorfahren als klimatologisch wichtig erkannt wurde, auch wenn der Name in den Regeln noch nicht auftaucht (Regeln 35, 36, 37).

Mit dem höchsten Luftdruck Ende Mai/Anfang Juni (Abb. 3) ist nach A. Schmauss (1945) in ganz Deutschland die geringste Regenhäufigkeit im gesamten Jahr verbunden. Danach bricht die Hochdruckwetterlage zusammen, und Tiefdruckgebiete bzw. deren Ausläufer können wieder nach Mitteleuropa vordringen. Mit dieser Umstellung der großräumigen Luftdruckverteilung ist eine Drehung der mittleren Windrichtung verbunden, und zwar von Südwest auf Westnordwest. Kühlere Luft, Wolken und Regen werden herangeführt. Die Meteorologie spricht (in Anlehnung an die Verhältnisse über Indien) vom europäischen Sommermonsun. Im Volksmund ist diese meist zwischen dem 10. und 20. Juni auftretende Wetterumstellung unter dem Namen »Schafskälte« bekannt. Die Bezeichnung geht auf die Kälteempfindlichkeit der frischgeschorenen Schafe zurück. Mit der Zufuhr der ozeanischen Polarluft aus West bis Nordwest, in die Tiefausläufer eingelagert sind, ist auch wieder eine erhöhte Niederschlagsaktivität verbunden. Somit weist unbeständiges Wetter um Metardi (Regel 197) bereits auf eine intensive Wetterumstellung im weiteren Monatsverlauf hin.

Interessant ist in Regel 38, daß der längste Tag des Jahres der 11. Juni ist. Damit wird deutlich, daß diese Bauernregel aus der Zeit vor der Gregorianischen Kalenderreform vom 1582 stammt. Addiert man nämlich die 10tägige Kalenderverschiebung, die später noch näher erläutert wird, so kommt man zum heutigen Datum. Da nach der Sommersonnenwende am 21. Juni die Tage wieder kürzer werden, ist Regel 39 nur astronomisch richtig. Meteorologisch gesehen beginnt dagegen erst die wärmste Zeit des Jahres (Abb. 2). Warme und feuchte Luft führen schon im Juni zu den von den Bauern gefürchteten Gewittern, da Hagelschlag die Ernte ganzer Felder vernichten kann (Regel 41). Daher ist es nicht verwunderlich, daß der Bauer jeden Strohhalm in der Hoffnung ergriff, es ließen sich die Gewitter vertreiben. Dazu gehört auch das Läuten der Kirchturmglocken.

Seinen Ursprung hat das Glockenläuten in der Zeit der Christianisierung im frühen Mittelalter. Um den Neubekehrten die Angst vor den heidnischen Naturgöttern zu nehmen, läuteten die Mönche bei Gewitter zur Erinnerung, u. U. auch als Mahnung, dem christlichen Gott zu vertrauen, die Glocken. Im Laufe der Jahrhunderte geriet dieser Zusammenhang in Vergessenheit, und übrig blieb der Aberglaube, das Läuten der Glocken könne die Gewitter vertreiben bzw. hagelauflösend wirken. Auch das Legen der Eggen mit den Zähnen nach oben auf den Feldern bei Gewitter, um auf diese Weise die Wetterhexen abzuschrecken, gehört in das Reich des Aberglaubens.

Ganz anders verhält es sich dagegen mit dem im Alpengebiet praktizierten Böllerschießen. Hierbei handelt es sich um eine künstliche Wetterbeeinflussung, um einen wissenschaftlich fundierten Eingriff in die Wolken.

In Gewitterwolken sind neben Wassertropfen und Wolkenteilchen auch Eiskristalle vorhanden. Wie später bei den Gewitterwolken geschildert, können sich diese zu Hagelkörnern entwickeln, indem sich auf ihnen zum einen Wasserdampf niederschlägt und gefriert bzw. indem an ihnen Wassertröpfchen anfrieren. Bringt man nun in eine Gewitterwolke zusätzlich viele Teilchen aus eisähnlichen Kristallen, so können sich Wasserdampfanlagerung und Tröpfchenanfrieren auf die künstlichen und die natürlichen festen Teilchen verteilen. Durch den menschlichen Eingriff in die Schauerwolke entstehen also mehr, aber kleinere Hagelkörner, anstatt der weniger zahlreichen, aber dafür größeren ohne Eingriff. Bei den so entstandenen kleinen Hagelkörnern besteht eine hohe Wahrscheinlichkeit, daß sie nach dem Ausfallen aus der Wolke in der hochsommerlich warmen Luft unterhalb der Wolke auf ihrem Weg aufschmelzen und als Regen den Erdboden erreichen.

Was sind das nun für Substanzen, die durch die Böller (oder auch per Flugzeug) in die Gewitterwolken gebracht werden? Zum einen läßt sich dazu Kohlensäureschnee verwenden, zum anderen Kristalle aus Silberjodid. Werden die mit ihnen gefüllten Granaten zum richtigen Zeitpunkt in die Gewitterwolke geschossen und dort zur Explosion gebracht, so läßt sich auf diese Weise dem gefürchteten Hagelschlag in vielen Fällen entgegenwirken.

Erwähnt sei in diesem Zusammenhang, daß das oben geschilderte »Impfen« von Wolken mit Silberjodid oder Kohlensäureschneekristallen, wie es in der Fachsprache heißt, auch dazu verwendet wird, um künstlich Regen zu erzeugen. In vielen Gebieten der Erde sind zwar Wolken vorhanden, doch können sich diese nicht abregnen, weil die Wolkenteilchen nicht groß genug sind, um aus der Wolke herauszufallen. Dies gilt vor allem in den Steppenklimaregionen der Erde, z. B. im mittleren Westen der USA. Die sogenannten Regenmacher bringen die o. g. Kristalle vom Flugzeug aus in die Wolken. Die Wassertröpfchen der Wolke können an den »Impfkernen« anfrieren, so daß große Wolkenteilchen entstehen, die, wenn sie aus der Wolke ausfallen, eine größere Chance haben, unterwegs nicht zu verdunsten und den Erdboden als Regen zu erreichen.

## Kalendergebundene Klimaregeln Juli – September

42 Gegen Margareten (20. Juli) und Jakoben (25. Juli)
die stärksten Gewitter toben.
43 Magdalena (22. Juli) weint um ihren Herrn,
darum regnet es an ihrem Tag so gern.
44 Ist St. Ann (26. Juli) erst vorbei,
kommt der Morten kühl herbei.
45 Um St. Ann (26. Juli) fangen
die kühlen Morgen an.

46 Laurenz (10. August) setzt den Herbst
an die Grenz',
Bartholomä (23. August) bringt ihn her.
47 An Augustin (28. August) geh'n die warmen
Tage dahin.
48 Um Augustin (28. August)
zieh'n die Wetter dahin.
49 St. Raimund (31. August)
treibt die Wetter aus.
50 Der September ist der Mai des Herbstes.
51 St. Ludmilla (16. September)
das fromme Kind,
bringt gern Regen und viel Wind.

Auch im Juli und August gibt es noch zahlreiche Tage mit Gewitterschauern (Regeln 42, 43). Ende August läßt die Gewitteraktivität jedoch merklich nach, da die Kraft der Sonnenstrahlung die Luft nicht mehr in dem Maße zu erwärmen vermag, wie es für die Gewitterbildung erforderlich ist (Regeln 47, 48, 49).

Ende Juli, Anfang August macht sich der Umstand, daß die Nächte seit dem 21. Juni wieder länger werden, in der morgendlichen Kühle bemerkbar. Der Herbst kündet sich an (Regel 44, 45, 46). In der Tat läßt sich zeigen, daß der mitteleuropäische Hochsommer mit der ersten Augustwoche zu Ende geht. Eine Auswertung der sog. Sommertage, d. h. der Tage mit einer Höchsttemperatur von 25 °C oder mehr, ergibt folgendes Bild: Eine ununterbrochene Folge von 10 oder mehr Sommertagen ist in der Regel nur zwischen Anfang Juli und den ersten Augusttagen möglich. Nach der ersten Augustwoche sinkt die mögliche Zahl aufeinanderfolgender Sommertage im allg. von 7 auf 3–4 in der ersten Septemberwoche. Danach sind es nur noch Einzeltage, an denen im September die

Quecksilbersäule des Thermometers über 25 °C steigt.

Aber auch wenn der Hochsommer nach der ersten Augustwoche vorbei ist, so ist der Sommer noch lange nicht zu Ende. Als freundliche Übergangsmonate sind sich September und Mai sehr ähnlich (Regel 50). Beide weisen praktisch die gleichen Temperaturverhältnisse auf (Abb. 2), und beide sind die wolkenärmsten Monate des Jahres. Nach einer Phase kühleren, unbeständigeren Wetters Mitte September (Regel 51) stellt sich Ende September mit großer Regelmäßigkeit der Altweibersommer ein. Ein Hochdruckgebiet (Abb. 3) beschert uns freundliches Spätsommerwetter.

## Kalendergebundene Klimaregeln Oktober – Dezember

52 Am St. Gallustag (16. Oktober)
   den Nachsommer man erwarten mag.
53 St. Ursulas Beginn (21. Oktober)
   zeigt auf den Winter hin.
54 Wenn's St. Severin gefällt (23. Oktober),
   bringt er mit die erste Kält'.
55 Simon und Juda (28. Oktober), die zwei,
   bringen oft den ersten Schnee herbei.
56 An Allerheiligen (1. November)
   sitzt der Winter auf den Zweigen.
57 November tritt oft hart herein,
   doch muß nicht viel dahinter sein.
58 Andreasschnee (30. November) blieb schon
   100 Tage liegen.
59 Kommt die heil'ge Lucia (13. Dezember),
   findet sie schon Kälte da.

60 St. Lucia (13. Dezember) kürzt den Tag
so viel sie kürzen mag.

Vor allem im Alpenraum vermag sich unter Hochdruckeinfluß (Abb. 3) der Altweibersommer noch weit in den Oktober zu erhalten. Zwar sind die Nächte schon recht kalt, doch ist es am Tage »in der Sonne« noch angenehm (Regel 52).

In zunehmendem Maße verstärken sich ab Ende Oktober die Anzeichen für den nahenden Winter (Regeln 53, 54, 55, 56), jedoch wechseln zunächst noch kältere und mildere Phasen miteinander ab (Regel 57). Eine Situation mit einer dreimonatigen Schneedecke ist nur in den Alpen zu erwarten (Regel 58). Der Kälteeinbruch Mitte Dezember ist recht häufig zu beobachten (Regel 59). Ihm folgte in diesem Jahrhundert im Flachland mit schönster Regelmäßigkeit das sog. Weihnachtstauwetter, d. h. ein Warmlufteinbruch, der den verbreiteten Wunsch auf weiße Weihnacht zunichte machte. Die Wintersonnenwende wird in Regel 60 angesprochen, wobei möglicherweise wiederum die 10tägige Kalenderverschiebung von 1582 zu berücksichtigen ist.

Mit diesem klimatologischen Gang durch das Jahr wird somit deutlich, daß unsere Vorfahren die Besonderheiten des mitteleuropäischen Klimas sehr gut beobachtet haben. Viele der in den Klimaregeln festgehaltenen Aussagen finden bei eingehender Betrachtung des Temperaturverlaufs in Abb. 2 ihre Erklärung. Da es aber auch im mitteleuropäischen Klima noch manche regionale Unterschiede gibt, z. B. zwischen Norddeutschland und dem Oberrheingraben oder dem Alpenraum, müßte man streng genommen wissen, wo die betreffende Regel entstanden ist, um sie mit den dortigen Klimabeobachtungen zu vergleichen. Doch schon der Vergleich mit der Berliner Temperaturreihe in Abb. 2 läßt viele Grundaussagen der kalendergebundenen Bauernregeln bestätigen.

Faßt man die Untersuchungen von Bisollo (1991), Flohn (1954) und Schönwiese (1978) und unsere Betrachtungen zu einem Singularitätenkalender zusammen, so erhält man grundsätzlich folgende, statistisch gut nachweisbare, kalendergebundene Temperaturbesonderheiten in Mitteleuropa (Tabelle 2).

Diese kalendergebundenen Witterungserscheinungen treten häufig auf, keineswegs aber in jedem Jahr. Auch treten sie in manchen Jahren nur in einigen Regionen Deutschlands auf und in anderen nicht in Erscheinung. Die Ursache ist dann eine quer über Mitteleuropa verlaufende Trennlinie zwischen warmer und kalter Luft, so daß der Kalt- oder Warmluftvorstoß in diesen Jahren regional beschränkt ist bzw. in anderen Regionen erst zeitversetzt wirksam wird. Auch der Gegensatz zwischen Küste und Binnenland wirkt sich auf die kalendergebundenen Witterungserscheinungen aus.

Interessant im Zusammenhang mit dem klimatologischen Jahresablauf ist auch die Einteilung der Jahreszeiten aus bäuerlicher Sicht, die nicht mit den astronomischen, aber auch nicht genau mit den meteorologischen Jahreszeiten übereinstimmen. Die astronomischen Jahreszeiten haben als Fixpunkte bestimmte Positionen der Erde auf ihrer Umlaufbahn um die Sonne. Zum Frühlingsbeginn (21. März) und zum Herbstbeginn (23. September) steht die Sonne senkrecht über dem Äquator. Zum Sommerbeginn (21. Juni) der Nordhalbkugel steht die Sonne senkrecht über dem nördlichen Wendekreis (23 1/2 °N), zum Winterbeginn (21. Dezember) steht sie senkrecht über dem südlichen Wendekreis (23 1/2 °S).

**Tabelle 2.** Singularitätenkalender für Mitteleuropa

| | |
|---|---|
| 7.–9. Januar | Kälteeinbruch |
| 17.–20. Januar | Kälteperiode (Hochwinter) |
| 9. Februar | Warmluftvorstoß |
| 16. Februar | Kaltlufteinbruch (Spätwinter) |
| 25. März | Kälteeinbruch |
| 22. April | Warmluftphase (Mittfrühling) |
| 25.–27. April | kühle Witterung |
| bis Mitte Mai | Kälterückfall nach Warmluftzufuhr (Eisheilige) |
| 15.–20. Mai | Warmluftvorstoß (Spätfrühling) |
| 3.–10. Juni | Warmluftperiode (Frühsommer) |
| 11.–20. Juni | kühle Witterung (Schafskälte) |
| Ende Juni | Temperaturrückgang nach kurzer Erwärmung |
| 9.–14. Juli | erste Hochsommerperiode |
| 22./23. Juli | kühlere Witterung |
| Ende Juli/ Anfang August | 2. Hochsommerperiode |
| Anfang September | warme Witterung (Spätsommerbeginn) |
| 10./11. September | zweite Wärmephase |
| Mitte September | kühlere Witterung |
| ab Ende September | Altweibersommer |
| Mitte Oktober | kühle Witterung |
| Anfang Dezember | Kälteperiode |
| Mitte Dezember | Kälteperiode nach vorangegangener Milderung |
| 24.–28. Dezember | Weihnachtstauwetter |
| Ende Dezember | Kälteeinbruch zum Jahreswechsel |

Die meteorologischen Jahreszeiten basieren auf der Tatsache, daß die Monate Juni, Juli und August (Sommer) die wärmsten, die Monate Dezember, Januar und Februar (Winter) die kältesten Monate sind. Entsprechend sind die Übergangsmonate März, April, Mai als Frühjahr und September, Oktober, November als Herbst definiert. Daß man stets ganze Monate nimmt, hat zweifellos einen rein formalen Grund, nämlich die einfachere Auswertung der Klimabeobachtungen.

Die bäuerlichen Jahreszeiten kommen, wie Regel 61 zeigt, den meteorologischen sehr nahe und leiten sich aus dem jeweiligen Stand der Natur ab; dieser ist wiederum eng mit den klimatologischen Verhältnissen verbunden.

61 St. Clemens (23. November) uns den Winter bringt,
St. Petri Stuhl (25. Februar) den Frühling,
den Sommer bringt St. Urban (25. Mai),
der Herbst fängt mit dem Barthel
(24. August) an.

# 3 Wetterregeln

Wie schon in der Einleitung erwähnt, sollen alle jene Bauernregeln, die die Wetterentwicklung der nächsten Stunden oder Tage betreffen, unter dem Begriff »Wetterregeln« zusammengefaßt werden. Dabei wird aus der augenblicklichen Beobachtung, d. h. dem gerade vorhandenen Wetterzustand, auf den weiteren Wetterablauf geschlossen. Es gibt mannigfache Anzeichen »zwischen Himmel und Erde«, die derartige Schlußfolgerungen erlauben, man muß sie nur kennen und zu beobachten wissen. Solche Anzeichen liefern der Wind, die Wolken, der Nebel und andere Erscheinungen. Unsere Vorfahren haben diese Zusammenhänge beobachtet und im täglichen Leben zur kurzfristigen Wettervorhersage angewandt; sie haben sie zu Regeln zusammengefaßt und an die nächste Generation weitergegeben, die sie wieder im täglichen Leben überprüft und weitergegeben hat. Die physikalischen Zusammenhänge blieben ihnen dabei meist verborgen, was jedoch nicht den Wert ihres Erfahrungsschatzes mindert; sie vermag, wie nachfolgend zu sehen ist, die moderne Meteorologie zu erklären.

## Der Wind

62  Das Wetter erkennt man am Winde
    wie den Herrn am Gesinde.
63  Wind von Sonnenaufgang
    ist schönen Wetters Anfang,
    Wind von Sonnenuntergang
    ist Regen Anfang.
64  Kält und Nachtfrost schädlich sind,
    gut hingegen ist der Wind.
65  Der Wind, der sich mit der Sonne erhebt
    und (abends) legt, bringt selten Regen.
66  Dreht zweimal sich der Wetterhahn,
    so zeigt er Sturm und Regen an.
67  Kommt Wind vor Regen,
    ist wenig daran gelegen,
    kommt aber Regen vor dem Wind,
    zieht man die Segel ein geschwind.

68 Der Nordwind ist ein rauher Vetter,
aber er bringt beständig Wetter.
69 Bläst im August der Nord,
dauert das gute Wetter fort.
70 Weht's aus Ost bei Vollmondschein,
stellt sich strenge Kälte ein.
71 Südwest-Regennest.
72 Ostwind bringt Heuwetter,
Westwind Krautwetter,
Südwind Hagelwetter,
Nordwind Hundewetter.
73 Auf den Bergen geht der Wind
heftiger als im Tal.
74 Ziehen die Wolken dem Wind entgegen,
gibt's am anderen Tage Regen.

Wind ist bewegte Luft, und Luft bewegt sich nur dann, wenn auf sie eine Kraft, die sog. Druckkraft wirkt. Man kann die Vorgänge in der Atmosphäre gut vergleichen mit strömendem Wasser. Wasser beginnt dann zu fließen, wenn ein Gefälle vorhanden ist. Jeder Bach und jeder Fluß führt das Wasser von einer höheren Stelle zu einer niedrigeren.

Auch in der Atmosphäre strömt die Luft vom Höheren zum Niedrigeren, und zwar von einem Gebiet mit höherem Luftdruck zu einem Gebiet mit niedrigerem Luftdruck. In unserer Lufthülle sind immer solche Gebiete vorhanden. Ihr Zentrum bezeichnen wir als Hoch und Tief. Je stärker dabei der Luftdruckunterschied zwischen einem Hoch und einem benachbarten Tief ist, um so stärker weht der Wind. Wird in München z. B. ein Luftdruck von 1010 hPa (Hektopascal) gemessen und in Berlin von 1015 hPa, so weht in dem Gebiet dazwischen nur ein schwacher Wind. Beträgt der Unterschied des Luftdrucks aber

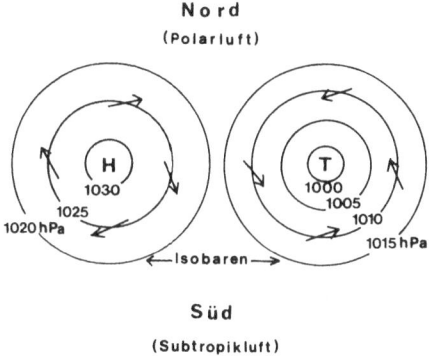

**Abb. 5.** Luftdruck- und Windverhältnisse bei Hoch- und Tiefdruckgebieten auf der Nordhalbkugel.

statt 5 hPa z. B. 10–15 hPa, so weht ein starker, in Böen sogar stürmischer Wind.

Hoch- und Tiefdruckgebiete werden jeweils auf charakteristische Weise von der Luft umströmt. Für die Nordhalbkugel der Erde gilt dabei: Um ein Hoch weht der Wind im Uhrzeigersinn, um ein Tief genau entgegengesetzt, also im Gegenuhrzeigersinn. Dabei strömt die Luft in der Bodennähe vom höheren zum tieferen Luftdruck.

In Abb. 5 wird deutlich, daß bei einem Tief auf der Vorderseite ein südlicher Wind weht, auf seiner Rückseite ein nördlicher. Bei einem Hoch weht dagegen der nördliche Wind auf seiner Vorderseite und ein südlicher auf seiner Rückseite. Entsprechendes gilt für Ost- bzw. Westwind an der Nord- bzw. Südseite von Tiefs und Hochs. Auf der Südhalbkugel umströmt die Luft die Hochs und Tiefs dagegen genau entgegengesetzt, also Tiefs im Uhrzeigersinn und Hochs im Gegenuhrzeigersinn.

Der Zusammenhang von Wind und Wetter (Regel 62) ist eine grundlegende Beobachtungstatsache. Gemeint sind dabei natürlich nicht die nur kurzzeitig auftretenden Windrichtungen, sondern stabile, über einen bis zu mehreren Tagen andauernde Wettersituationen. Die unterschiedlichen Einstrahlungsbedingungen der Sonne in den verschiedenen geographischen Breiten sorgen dafür, daß die Luft in polaren, auf der Nordhalbkugel also nördlichen Gebieten kälter ist als in südlichen. Dies gilt in allen Jahreszeiten, ganz besonders aber im Winter, wenn das Polargebiet keine Sonnenstrahlung empfängt, dort also die Polarnacht herrscht. Ein anhaltender Nordwind zeigt daher an, daß die zu uns kommende Luft aus nördlichen Breiten stammt und es sich somit um »Polarluft« handelt. Ein Süd- oder Südwestwind hingegen bringt warme Luft aus dem Mittelmeerraum oder von den Azoren nach Mitteleuropa, sog. »Subtropikluft«, da die Gebiete um 30° Breite auf der Erde von der Klimatologie als Subtropen bezeichnet werden. Da die Gebiete sehr groß sind, die auf unserer Erde mit Polarluft bzw. Subtropikluft bedeckt sind, dort also große Massen einheitlicher Luft lagern und immer wieder neu geschaffen werden, spricht die Meteorologie von polaren bzw. subtropischen Luftmassen.

Ein Westwind bringt Luft von Westen nach Mitteleuropa. Diese Luft kommt also vom Atlantischen Ozean zu uns und ist daher reich an Wasserdampf, was wiederum die Wolkenbildung fördert und somit auch die Niederschlagsneigung. Ostwinde transportieren dagegen Luft aus Osteuropa und Asien nach Mitteleuropa. Da diese Luft vom Festland, also aus dem Inneren unseres Kontinents kommt, ist sie relativ trocken. Die Neigung zur Bildung mächtiger Wolkenfelder und anhaltender Niederschläge ist daher geringer als bei Meeresluft. Meteorologisch gesehen unterscheiden wir daher noch zwischen maritimer und kontinentaler Polarluft bzw. Subtropikluft. In Tabelle 3 sind diese Zusammenhänge zusammenge-

**Tabelle 3.** Windrichtung/Luftmasse und Wetter

| Luftmasse | Windrichtung | Herkunft | Eigenschaften |
|---|---|---|---|
| maritime Polarluft | West, Nordwest | Atlantik Island, Grönland, Nordmeer | Sommer: kühl Winter: mäßig kalt große Bewölkungs-/Niederschlagsneigung |
| kontinentale Polarluft | Ost, Nordost, Nord, Südost (Winter) | UdSSR, Skandin. Balkan | Sommer: warm Winter: (sehr) kalt geringe Bewölkungs-/Niederschlagsneigung |
| maritime Suptropikluft | Südwest, Süd | Azoren, Mittelmeer | Sommer: schwülwarm Winter: mild: große Bewölkungs-/Niederschlagsneigung (Sommergewitter) |
| kontinentale Subtropikluft | Südost (Sommer) | Balkan | Sommer: heiß sonnig |

faßt. Ob es tatsächlich Niederschläge gibt oder nicht, hängt dabei davon ab, ob die Luft aus den verschiedenen Windrichtungen unter Hochdruck- oder Tiefdruckeinfluß in Mitteleuropa ankommt. So treten bei Nordwestwind, also bei maritimer Polarluft, unter Tiefdruckeinfluß Schauer auf (typisch dafür ist das »Aprilwetter«), während es bei Hochdruckeinfluß auch wechselnd heiter und wolkig ist, jedoch die Schauer fehlen.

Wie passen nun die Bauernregeln über die Windrichtungen in dieses meteorologische Luft-

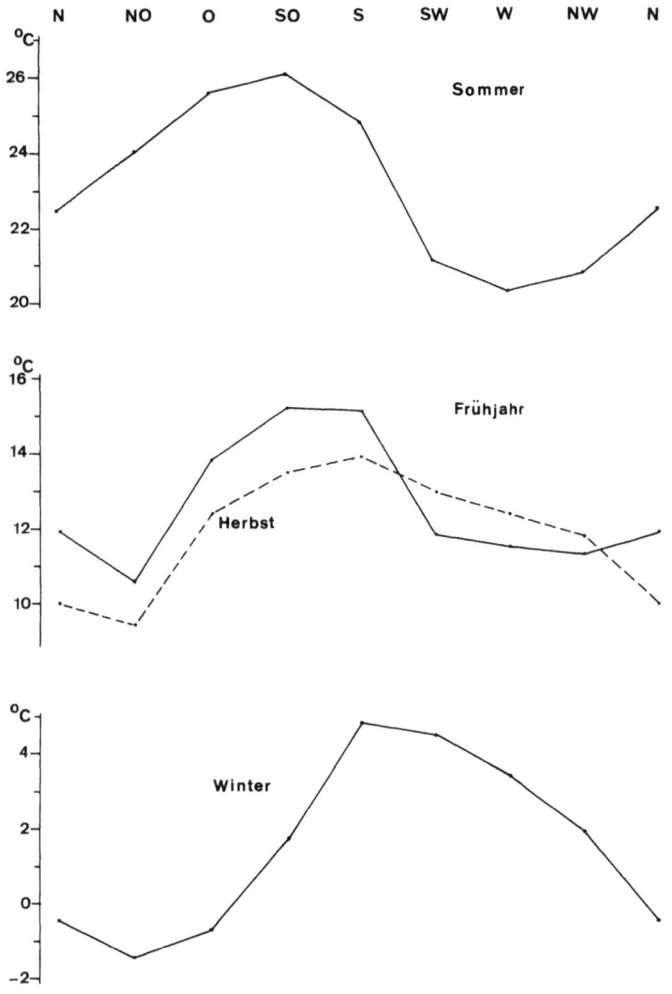

**Abb. 6.** Durchschnittliche Höchsttemperatur in Abhängigkeit von den acht Hauptwindrichtungen.

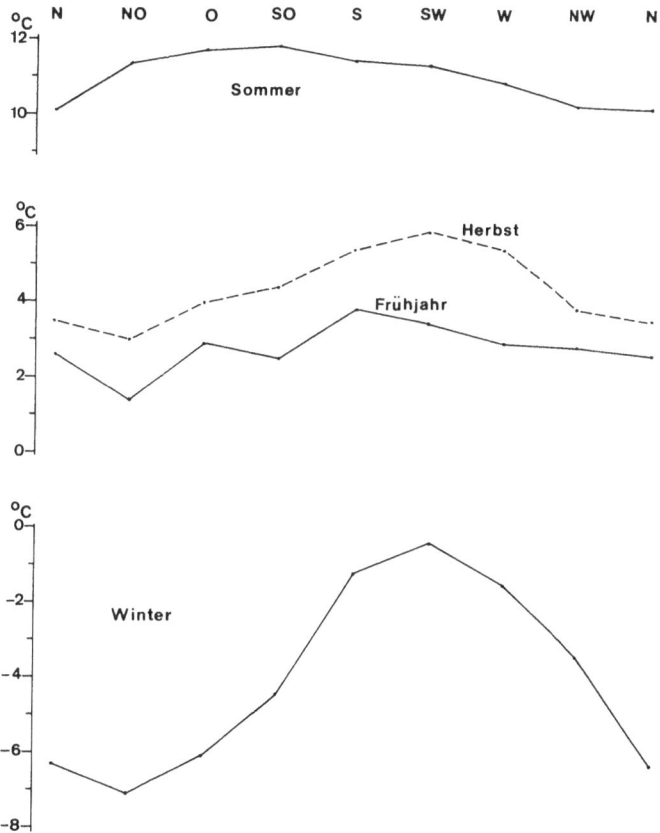

**Abb. 7.** Durchschnittliche nächtliche Tiefsttemperatur in Abhängigkeit von den acht Hauptwindrichtungen.

massenschema? In Abb. 6 ist die durchschnittliche Höchsttemperatur für die einzelnen Jahreszeiten angegeben, wie sie bei den verschiedenen Windrichtungen zu erwarten ist. Im Sommer treten bei Ost- und Südostwind die höchsten Mittagstemperaturen auf, während sich bei Winden aus West die niedrigsten Werte einstellen. Im Winter ist es dagegen bei den östlichen

Winden am kältesten, bei Winden aus Süd und Südwest am wärmsten.

Ähnliche Unterschiede ergeben sich für die nächtliche Tiefsttemperatur (Abb. 7). Während im Sommer bei Ost- und Südostwind die Nächte im Durchschnitt recht warm sind, sind sie im Winter außergewöhnlich kalt. Dieser Gegensatz bei Ostwind im Sommer und Winter macht verständlich, wieso in Regel 72 von (warmem) Heuwetter, in Regel 70 von strenger Kälte gesprochen wird.

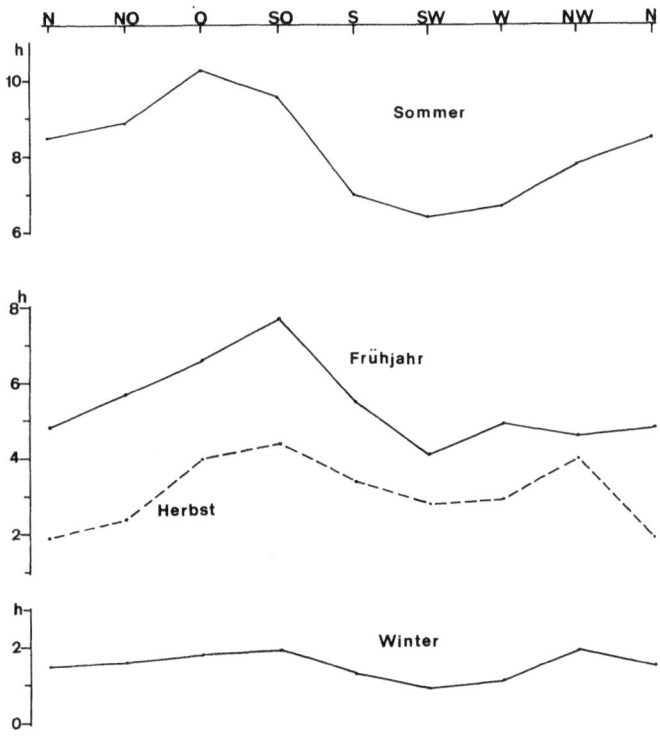

**Abb. 8.** Durchschnittliche Sonnenscheindauer in Abhängigkeit von den acht Hauptwindrichtungen.

Um den Wettercharakter im Zusammenhang mit den einzelnen Windrichtungen weiter zu betrachten, ist in Abb. 8 die mittlere Sonnenscheindauer pro Tag wiedergegeben. Besonders sonnig ist es in allen Jahreszeiten bei Ost- und Südostwind, vergleichsweise wenig Sonnenschein ist bei den westlichen Windrichtungen zu erwarten. Spiegelbildlich dazu sind die Ergebnisse über die mittlere Bewölkungsmenge. In der Meteorologie wird der Bedeckungsgrad des Himmels in Achteln angegeben, wobei bei vollständig bedeck-

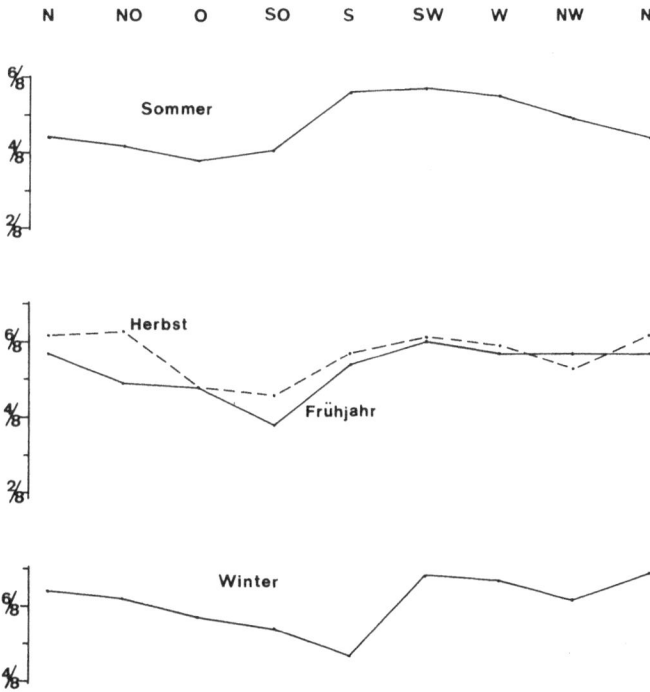

**Abb. 9.** Durchschnittliche Bewölkungsmenge in Abhängigkeit von den acht Hauptwindrichtungen.

tem Himmel 8/8 Bedeckung vorhanden ist, bei halb bedeckten Himmel folglich 4/8 usw.

In Abb. 9 ist zu sehen, daß östliche Winde mit relativ geringer, westliche Winde dagegen mit stärkerer Bewölkung verbunden sind. Geringe Bewölkung bzw. viel Sonnenschein kennzeichnen also im Mittel Winde von Sonnenaufgang, starke Bewölkung Winde von Sonnenuntergang (Regel 63).

Wie unterschiedlich die jahreszeitliche Niederschlagsmenge je nach Windrichtung ist, folgt aus Abb. 10. Östliche Winde transportieren in der Regel trockene Festlandsluft nach Mitteleuropa, so daß mit ihnen nur ausnahmsweise Niederschläge verbunden sind. Feuchte Meeresluft erreicht uns dagegen mit West- und Südwestwind, so daß starke Bewölkung und viel Niederschlag die Folge sind (Regeln 63, 71, 72). Nord- und Südwind sind weniger häufig als West- und Ostwind. Dabei ist bei Nordwind trotz sonniger Abschnitte der Wettercharakter vor allem im Winter und Frühjahr windig-kalt, während schwülwarme Luft aus Süden zu Gewittern neigt (Regeln 68, 72).

Ganz grundsätzlich, wie Abb. 11 zeigt, besonders aber im Bereich von Hochdruckgebieten, flaut der Wind abends und nachts stark ab und frischt am Tage durch die Erwärmung wieder auf, d. h. dieses Windverhalten läßt deutlich den Hochdruckeinfluß erkennen (Regel 65). Nachts kühlt sich der Erdboden jedoch bei schwachem Wind stärker ab als bei stärkerem Wind, der die direkt über dem Erdboden gebildete Kaltluftschicht immer wieder zerstört und durch etwas wärmere Luft aus der Höhe ersetzt (Regel 64). Unter dem Einfluß von intensiven, rasch ziehenden Tiefdruckgebieten kommt es zu großen Windstärken und stärkeren Winddrehungen (Regel 66). Wenn der

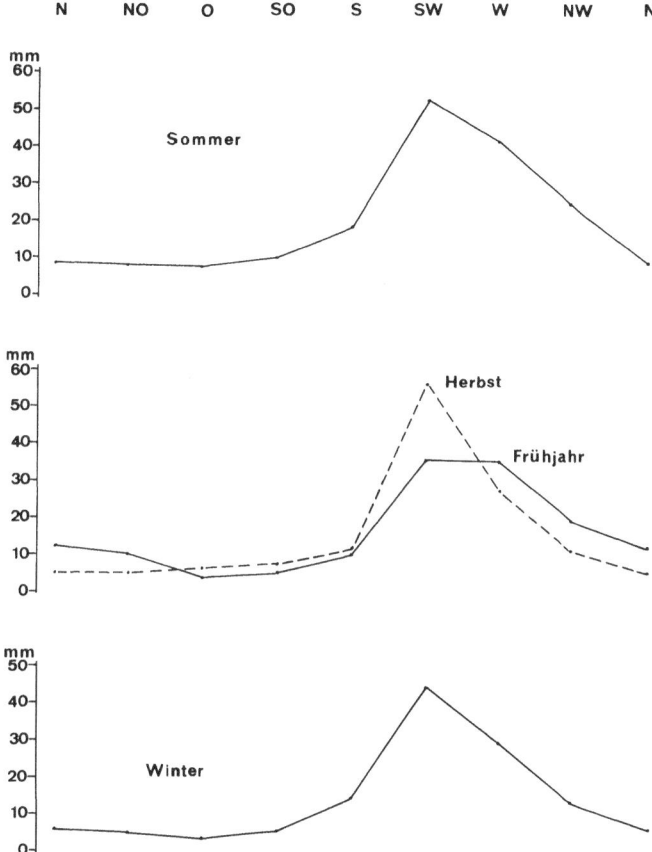

**Abb. 10.** Durchschnittliche Niederschlagsmenge in Abhängigkeit von den acht Hauptwindrichtungen.

Wind dabei seine Richtung mit der Höhe stark ändert, so daß die mit dem Höhenwind ziehenden Wolken von der Bodenwindrichtung stark abweichen, so zeigt das, daß je nach Abweichungsrichtung Kaltluft mit Schauern oder Warmluft mit Dauerregen naht (Regel 74). Daß die Windstärke mit der Höhe zu-

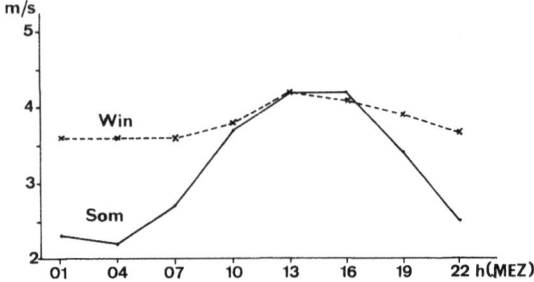

**Abb. 11.** Mittlerer Tagesgang der Windgeschwindigkeit.

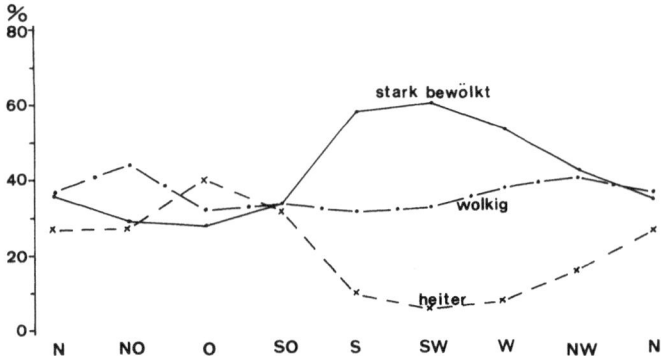

**Abb. 12.** Mittlere Wahrscheinlichkeit für heiteres, wolkiges und stark bewölktes Wetter bei den verschiedenen Windrichtungen im Sommer.

nimmt, weiß jeder, der im Gebirge wandert (Regel 73).

Zusammenfassend bleibt festzustellen, daß die aufgeführten Windregeln viele Anhaltspunkte zur Wetterabschätzung liefern. Aber es sind Regeln, zu denen es auch Ausnahmen gibt. So lassen die in den Abbildungen dargestellten Zusammenhänge zwar Aussagen mit einer hohen Wahrscheinlichkeit zu, doch kommt es immer wieder zu Abweichungen. Diese Problematik sei mit Abb. 12 veranschaulicht. Dort ist aufgetragen, mit welcher prozentualen Wahrscheinlichkeit mit den einzelnen Windrichtungen heiterer (bis 4/8 Bedeckung), wolkiger (5/8–7/8) oder bedeckter Himmel (8/8) im Sommer zu erwarten ist. Bei östlichen Winden ist es von 10 Fällen in 3–4 Fällen heiter, in 3–4 Fällen wolkig und in 2–3 Fällen stark bewölkt; bei Winden aus Süd bis West ist es von 10 Situationen in 6 stark bewölkt, in 3 wolkig und in einem Fall heiter. Da von der Bewölkung die Höchst- und Tiefsttemperatur des Tages sowie die Niederschlagsneigung abhängig ist, wird deutlich, warum die Wettervorhersage sehr kompliziert ist. So haben schon unsere Vorfahren formuliert: Wer allzeit auf den Wind will sehen, der wird nicht säen und nicht mähen!

## Der Nebel

75 Auf gut Wetter vertrau,
   beginnt der Tag nebelgrau.
76 Steigt Nebel empor,
   steht Regen bevor.
77 Nebel, der sich steigend hält, bringt Regen,
   doch klar Wetter, wenn er fällt.
78 Wenn Nebel von den Bergen absteigen,
   oder vom Himmel fallen,
   oder in den Tälern liegen,
   bedeutet's schönes Wetter.
79 Wenn die Sonne Wasser zieht,
   gibt's bald Regen.
80 Der Nebel bleibt auf der Erde,
   bis die Sonne ihn hinaufzieht.

81 Sind abends über Wies und Fluß
Nebel zu schauen,
wird die Luft anhaltend
schön Wetter zusammenbrauen.
82 Reif und Tau – machen den Himmel blau.

Die Luft ist ein Gasgemisch und besteht zu mehr als 75 % aus Stickstoff und zu rund 20 % aus Sauerstoff. Dazu kommen noch Argon, Kohlendioxid, die Spurengase (Helium, Neon, Ozon, Schwefeldioxid u. a. m.) und der Wasserdampf. Nur der Wasserdampfanteil der Luft schwankt hinsichtlich der Menge. Über den Ozeanen und Feuchtgebieten, wo viel Wasser verdunsten kann, ist er hoch, über dem Festland, vor allem aber in den Trockengebieten der Erde und in der Polarregion, ist er gering. In Abhängigkeit von der Temperatur befinden sich in Mitteleuropa im Winter durchschnittlich rund 5 Gramm, im Sommer rund 13 Gramm Wasserdampf pro Kubikmeter Luft.

In der Meteorologie spricht man von Nebel, wenn die Sichtweite unter 1000 m beträgt. Dabei ist die Luft mit Wasserdampf gesättigt, d. h. sie enthält so viel Wasserdampf, wie maximal bei der vorhandenen Temperatur enthalten sein kann. Der Nebel kann als eine der Erdoberfläche aufliegende Wolke verstanden werden. Er besteht aus vielen kleinen Wassertröpfchen, die durch Verflüssigung (Kondensation) des in der Luft befindlichen Wasserdampfes entstanden. Nebelbildung setzt im allgemeinen eine schwachwindige, wolkenarme Wettersituation voraus, bei der sich die Luft nachts stärker abkühlen kann; dieses ist vor allem in Hochdruckgebieten der Fall, also in einer grundsätzlich zu freundlichem Wetter neigenden Wettersituation.

Wenn morgens die Sonne die Luft erwärmt, so verdunsten die Tröpfchen des meist nur flachen Bodennebels, und es entsteht wieder Wasserdampf. Bleibt dieser in Bodennähe, so steht ein freundlicher Tag bevor (Regeln 75, 77, 78, 81).

Anders sind die Verhältnisse, wenn der »Nebel emporsteigt«. Die von der Sonnenstrahlung verdunsteten Nebeltröpfchen, sichtbar gemacht an einzelnen Nebelfetzen, steigen als Wasserdampf schon in den Morgenstunden durch eine aufwärts gerichtete Luftbewegung empor, d. h. Wasserdampf wird in die höheren Luftschichten transportiert. Die aufsteigende Luft kühlt sich dabei um 1 °C pro 100 m ab, wodurch der Wasserdampfsättigungsgrad steigt. Reicht die vertikale Luftbewegung hoch genug hinauf, so erscheint schließlich die abgekühlte Luft gesättigt, und es entstehen Wassertröpfchen, d. h. es bilden sich Wolken. Kommt von der Erdoberfläche im weiteren

Tagesverlauf mit der erwärmten, aufsteigenden Luft immer mehr Wasserdampf in die höheren Schichten, so können die Wolken weiter wachsen, und die Wolkenelemente (Wassertropfen und Eiskristalle) werden immer größer. Schließlich sind sie so schwer, daß der Aufwind sie nicht mehr trägt und sie als Regenschauer zur Erde fallen (Regeln 76, 77, 79, 80).

Reif und Tau sind eng miteinander verwandt, wobei Reif dann entsteht, wenn die Temperatur der bereiften Flächen (Gräser, Blätter, Äste, aber auch Autos) unter 0 °C liegt. Die Lufttemperatur kann durchaus noch über dem Gefrierpunkt sein. Bei der Taubildung sind dagegen die Temperatur der Luft wie der betauten Flächen über 0 °C. Tau- wie Reifbildung zeigen an, daß Wasserdampf in der Luft ist, der als Folge der nächtlichen Abkühlung dünner Blätter, Gräser, Äste, Autoscheiben usw., die tagsüber wenig Wärme speichern können, zu Tröpfchen kondensiert bzw. zu Eiskristallen gefriert.

Die Wetterlage ist sehr ähnlich wie bei der Nebelbildung. Ein Hochdruckgebiet sorgt für sternklaren Himmel, so daß die Temperatur in den Nachtstunden stark zurückgeht. Jedoch ist die Wasserdampfmenge der Luft nicht so groß, daß Nebel entsteht. Tau und Reif weisen somit auf wasser-

**Abb. 13.** Cirruswolken (Hochwetterlage).

dampfarme Luft unter Hochdruckeinfluß hin, womit die besten Voraussetzungen für einen wolkenarmen, blauen Himmel gegeben sind (Regel 82).

## Wolken und Niederschlag

83  Es regnen nicht alle Wolken,
    die am Himmel stehen.
84  Wenn große Wolken sich verkleinern,
    ist schönes Wetter zu erwarten.
85  Je weißer die Schäfchen am Himmel gehn,
    desto länger bleibt das Wetter schön.
86  Wenn Schäfchenwolken am Himmel stehn,
    kann man ohne Schirm spazieren gehn.
87  Weiße Wolken befeuchten die Erde nicht.
88  Dunkle Wolken verkünden Regen.

**Abb. 14.** Cirrostratus mit Ring um die Sonne (beginnender Wolkenaufzug vor einem Tief).

89  Schwarze Wolken – schwere Wetter.
90  Wenn der Himmel gezupfter Wolle gleicht,
    das schöne Wetter bald dem Regen weicht.
91  Wenn die Sonne scheint sehr bleich,
    ist die Luft an Regen reich.
92  Eine kleine Wolke am Morgen,
    macht oft ein großes Abendgewitter.
93  Wenn die Sonne sticht, der Bauer spricht,
    die Kühe beißen und brommen,
    es wird Regen kommen.
94  Wenn morgens sich Schäfchenwolken zeigen,
    und abends (nachmittags)
    Haufenwolken aufsteigen,
    dann zieht der Klee seine Blätter zusammen,
    ein Nacht (Abend-) Gewitter bricht los.
95  Wenn die Wolken regnen,
    so senken sie sich.

**Abb. 15.** Altostratus, durch den die Sonne noch hindurchscheint (Eintrübung).

96 Der Regen fällt nicht
aus den niedrigsten Wolken.
97 Starke Güsse sind nicht von Dauer.
98 Glaube nicht, wenn's regnet vor deinem Stall,
es regnet überall.

Wie bereits erwähnt, setzen Wolken eine aufwärts gerichtete Bewegung der Luft voraus. Diese beträgt im allgemeinen nur wenige Zentimeter pro Sekunde, doch hält sie längere Zeit an, so kann die Luft um mehrere tausend Meter pro Tag aufsteigen. Bei Schauer- und Gewitterwolken liegt die Vertikalbewegung der Luft im Bereich Meter pro Sekunde, so daß die Luft und damit der in ihr enthaltene Wasserdampf um mehrere tausend Meter pro Stunde aufsteigen kann. Da sich die Luft, solange sie noch ungesättigt ist, beim Aufsteigen um 1° pro 100 m abkühlt, setzt

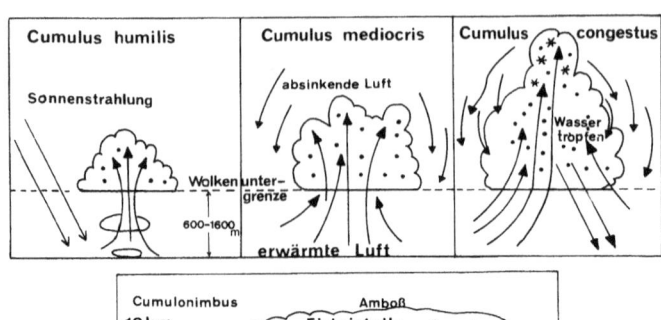
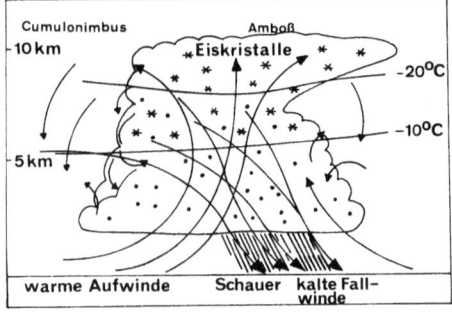

**Abb. 16.** Entwicklungsformen von Quellwolken vom flachen Cumulus bis zur mächtigen Schauer- und Gewitterwolke.

in jener Höhe, wo die Wasserdampfsättigung erreicht wird, die Kondensation, also die Tropfenbildung, ein. In der aufsteigenden Wolkenluft erfolgt zwar nur noch pro 100 m Aufstieg eine mittlere Abkühlung von etwa 0,5 °C, doch wird schließlich auch im Sommer der Gefrierpunkt unterschritten. Je tiefer die Temperatur unter 0 °C in der Wolke liegt, um so mehr Wassertröpfchen wandeln sich in Eis- und Schneeteilchen um (Abb. 16). Dabei treten, wie Abb. 17 zeigt, sehr verschiedene Formen von Schneekristallen auf. Die Spannweite reicht von Nadeln und Säulen bis zu komplizierten Schneesternen. Niederschläge in Form von Hagel- oder Graupelkörnern beweisen, daß auch in der warmen Jahreszeit Eisteilchen

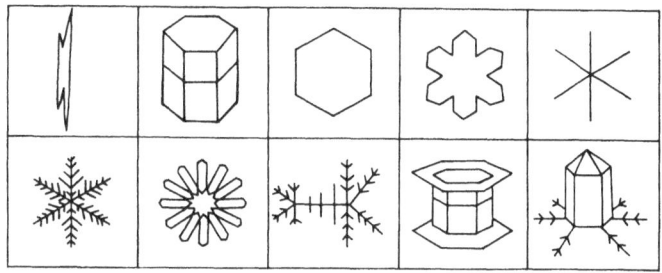

**Abb. 17.** Eiskristallformen in Wolken.

in hochreichenden Wolken vorhanden sind. Im Winter, wenn die Temperaturen auch in Erdbodennähe niedrig sind, erreicht der Niederschlag als Schnee die Erde, im Sommer tauen dagegen die Schnee- und Eiskristalle, wenn sie beim Ausfallen durch die wärmeren unteren Luftschichten fallen, meist auf (Abb. 18) und erreichen als großtropfiger Regen – ausgenommen Hagel bzw. Graupel – den Erdboden.

Je nach der Höhe der Wolken, genauer der Wolkenuntergrenze, werden bei der meteorologischen Beobachtung 10 Hauptwolkenarten unterschieden (Abb. 19). Zu den »hohen Wolken«, deren Unter-

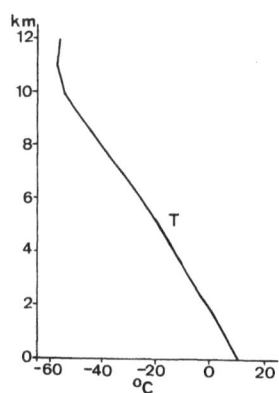

**Abb. 18.** Mittlere Temperaturabnahme mit der Höhe.

**Abb. 19.** Die 10 Hauptwolkenarten (Auszug aus dem Internationalen Wolkenatlas der Weltorganisation für Meteorologie). Mit freundlicher Genehmigung der Weltorganisation für Meteorologie, Genf.

grenze oberhalb von 6 km liegt, gehören die Cirrus-, die Cirrocumulus- und die Cirrostratuswolken. Die Cirruswolken haben ein lockeres, feder- oder faserartiges Aussehen am blauen Himmel. Cirrocumuluswolken sind ganz kleinkörnige Schäfchenwolken (Regeln 85, 86, 87), während der Cirrostratus eine dünne Wolkenschicht, ein Wolkenschleier ist, durch den Sonne oder Mond noch deutlich hindurchscheinen.

Zu den »mittelhohen Wolken«, deren Untergrenze zwischen 2500 und 6000 m liegt, gehören der Altostratus und der Altocumulus. Der Altostratus ist eine dichtere Wolkenschicht, durch die die Sonne noch bleich (Regel 91) hindurchscheinen kann. Die Altocumuluswolken sind kleine Schäfchenwolken, also kleine Wolkenballen (Regeln 85, 86).

Zu den »tiefen Wolken«, bei denen die Basis unter 2500 m liegt, gehören Nimbostratus, Stratus, Stratocumulus, Cumulus und Cumulonimbus. Der Nimbostratus ist eine kompakte (dunkle) und ausgedehnte Schichtwolke, verwandt mit dem Altostratus. Dagegen ist der Stratus, auch Hochnebel genannt, mit seinem nebelgrauen Aussehen meist wenig mächtig. Er tritt vor allem im Herbst auf. Während das Wetter dabei in der Ebene grau in grau ist, scheint in den höheren Lagen der Gebirge meist die Sonne, da sie schon oberhalb der Stratusbewölkung liegen. Der Stratocumulus ist eine ausgedehnte Wolkenschicht. Er besteht aus mittelgroßen bis großen Wolkenballen, an deren Rändern es deutlich heller ist als in der Mitte der Ballen, z. T. wird auch der blaue Himmel sichtbar. Dieses sind die groben Schäfchenwolken.

Cumuluswolken sind isolierte Haufenwolken mit teils blumenkohlartigem Aussehen. Durch die blauen Lücken zwischen ihnen ist der Wettercharakter recht freundlich. Ihre mächtigste Art, die zu ausge-

**Abb. 20.** Altocumuluswolken (Schäfchenwolken unter Hochdruckeinfluß).

dehnten Wolkenkomplexen zusammenwachsen kann, wird als Cumulonimbus bezeichnet.

Was läßt sich nun über ihre Niederschlagsneigung und damit über die entsprechenden Bauernregeln sagen? Alle Cirruswolken bestehen zwar aus Eiskristallen, sind aber so wenig mächtig, daß sie als weiße Wolken am Himmel stehen und aus ihnen kein Niederschlag ausfällt (Regeln 83, 87). Schäfchenwolken entwickeln sich in Gebieten mit Hochdruckeinfluß. Die aufsteigende erwärmte Luft wird dabei von dem Hoch gebremst, so daß die Altocumulus- und meist auch die Stratocumuluswolken nicht so mächtig werden, daß sie Regen bringen. Weiße Schäfchenwolken zeigen also an, daß es in den nächsten Stunden trocken bleiben wird (Regeln 85, 86). Bei dunkel erscheinenden, also dickeren Schäfchenwolken, ist dagegen ebenso Vorsicht geboten wie beim Auftreten von Cumulus- unter dunkleren Schäfchenwolken (Regel 94). Im ersten Fall ist leichter Regen, im zweiten sind Schauer wahrscheinlich. Mit Nieselregen ist bei Stratus zu rechnen. Starker großtropfiger Regen ist mit den mächtigen, dunklen Nimbostratus- und Cumulonimbuswolken verbunden (Regeln 88, 89). Dabei ist der Nimbostratus die typische Landregenwolke, der Cumulonimbus die typische Schauer- und Gewitterwolke. Vor allem an Tagen mit starker Sonnenstrahlung können die zunächst kleinen Haufenwolken so stark anwachsen, daß Cumulonimbuswolken entstehen (Regeln 93, 94). Ein guter Vorbote für diese Entwicklung ist, wenn schon am Vormittag die Altocumuluswolken türmchenartig nach oben zu wachsen beginnen (Regel 92, 94). Wenn jedoch die Cumuluswolken keine Tendenz aufweisen, nach oben zu wachsen, wird es niederschlagsfrei bleiben. Dieses gilt erst recht, wenn die Haufenwolken im Tagesverlauf kleiner werden (Regel 84). Meist ist dieses aber erst gegen Abend der Fall, gelegentlich aber auch schon von Mittag ab, wenn nämlich der Hochdruckeinfluß im Laufe des Tages immer stärker wird.

Auch für heranziehenden Dauerregen gibt es einige Vorboten. Wenn ein Cirrostratus nach einiger Zeit in Altostratus übergeht, so dauert es meist nicht mehr lange, bis Nimbostratus und damit Regen oder Schneefall den Ort erreicht. Mit Regenbeginn wird dabei die Feuchtigkeit unterhalb der Wolke erhöht, so daß sie nach unten wachsen kann (Regel 95). Ein weiteres Kriterium für eine nachfolgende Wetterverschlechterung ist eine bestimmte Form von Cirruswolken. Haben die Cirrusfäden oder ein Teil von ihnen ein hakenförmiges Aussehen, hängen sie gewissermaßen wie Spazierstöcke am Himmel, so kündigt das in der Regel eine mit Schauern und Böen, z. T. auch mit Gewittern heranziehende Wetterfront an (Regel 90).

Eine gute Wolkenbeobachtung kann also sehr hilfreich sein, die Wetterentwicklung auf einige Stunden, u. U. für den ganzen Tag abzuschätzen. Dabei kann eine Eintreffwahrscheinlichkeit in vielen Fällen von über 85 % angesetzt werden. Wichtig ist jedoch, daß man die Wolkenentwicklung fortlaufend weiterverfolgt und Veränderungen rechtzeitig wahrnimmt.

## Optische Erscheinungen

99 Morgenrot – Schlechtwetter droht;
Abendrot – Gutwetterbrot.
100 Dem Morgenrot ist nicht zu trauen.
101 Morgenrot bringt Water in den Sloot.
102 Geht die Sonne feurig auf,
folgen Wind und Regen drauf.
103 Der schönste Tag beginnt mit einer stillen Morgenröte.
104 Der Abend rot und weiß das Morgenlicht,
dann trifft uns böses Wetter nicht.
105 Abendrot und Morgenhell
sind ein guter Reisegesell.
106 Westwind und Abendrot
machen die Kälte tot.
107 Abendrot bei West gibt dem Frost den Rest.
108 Hof um den Man (Mond), dat soll wol gan,
doch Hof um de Sun (Sonne),
da schreien Schippers Frau un Kinner rum.
109 Wenn der Mond (die Sonne) hat einen Ring,
folgt der Regen allerding.
110 Gibt Ring oder Hof sich Sonne und Mond,
bald Regen und Wind uns nicht verschont.

111 Ist der Ring nahe Sonne oder Mond,
uns der Regen verschont,
ist der Ring aber weit,
hat er Regen im Geleit.
112 Sonnenhof bei Nord und Ost,
bedeuten Glatteis und rauhen Frost.
113 Regenbogen am Abend
läßt gut Wetter hoffen,
Regenbogen am Morgen
läßt für Regen sorgen.
114 Regenbogen am Morgen
macht dem Schäfer Sorgen,
Regenbogen am Abend,
ist dem Schäfer labend.
115 Bei Vollmond sind die Nächte kalt.
116 Ist der Himmel voller Sterne,
ist die Nacht voll Kälte gerne.

Die morgendliche oder abendliche Rotfärbung des Himmels kann so intensiv sein, daß der Sonnenaufgang bzw. Sonnenuntergang zu einem faszinierenden Schauspiel wird. Wieso aber erscheint das Sonnenlicht morgens und abends rot, während es den ganzen Tag über gelblich-weiß ist? Um dies zu verstehen, gilt es zunächst festzustellen, daß das Sonnenlicht nur deswegen weiß erscheint, weil es durch Überlagerung von rotem, gelbem, grünem, blauem und violettem Licht, den sog. Spektralfarben, entsteht. Das läßt sich leicht beweisen, denn fällt das weiße Sonnenlicht durch ein Glasprisma oder einen Brillanten, so werden die oben genannten Farben infolge ihrer unterschiedlichen Wege durch den geschliffenen Kristall sichtbar.

In der Atmosphäre findet durch die vielen Luftmoleküle auch eine Aufteilung des weißen Sonnenlichtes statt. Bei hohem Sonnenstand wird dabei der blaue Anteil des Sonnenlichts nach allen Seiten gestreut, wodurch der Himmel blau erscheint. Morgens und abends, wenn die Sonne tief steht, müssen die Sonnenstrahlen einen weiten Weg durch die untere, bodennahe Luftschicht zurücklegen. Dort enthält die Luft aber am meisten Wasserdampf. Dieser (und auch die Luftverschmutzung in Industriegebieten) beeinflußt das Sonnenlicht in der Weise, daß nur das rote Licht bevorzugt zu uns gelangen kann, während die anderen Spektralfarben geschwächt werden.

Je mehr Wasserdampf in den unteren Luftschichten ist, um so stärker erscheint folglich die Rotfärbung des Himmels.

Ein feuriges Morgenrot zeigt somit einen hohen Gehalt an Wasserdampf an. Mit zunehmender Erwärmung nach Sonnenaufgang können immer mehr erwärmte Luftblasen vom Boden emporsteigen. Dabei nehmen sie den Wasserdampf mit in die Höhe, wo sich durch Kondensation aus ihm Wolken bilden. Sind diese hinreichend mächtig geworden, treten Regenschauer mit Böen auf (Regeln 99, 100, 101, 102). Eine stille Morgenröte bzw. ein goldener Sonnenaufgang weist dagegen auf einen geringen Wasserdampfgehalt der Luft und damit auf eine geringe Niederschlagswahrscheinlichkeit hin (Regel 103).

Was aber ist nun mit dem Abendrot? Nach den soeben geschilderten physikalischen Prozessen deutet ein roter Sonnenuntergang ebenfalls auf feuchte Luft hin. Während der Nacht, wenn die Luft sich abkühlt, bleibt der Wasserdampf in Bodennähe bzw. setzt sich z. T. als Tau auf Blättern und Gräsern ab; ruhiges, klares Wetter kennzeichnet die Nachtstunden. Nur wenn das Morgenlicht dann weiß ist oder eine »stille Morgenröte« beobachtet wird, ist weiterhin gutes Wetter zu erwarten (Regeln 104, 105), andernfalls besteht eine erhebliche Niederschlagsneigung. Am ehesten deutet noch ein goldgelber Sonnenuntergang bei Ostwind nach einem freundlichen Tag auf die Fortsetzung des sonnigen Wetters hin, denn er zeigt an, daß der Feuchtgehalt der Luft nicht so sehr hoch ist (Regel 99). Abendrot bei einsetzendem Westwind zeigt im Winter hingegen an, daß das bisher herrschende ruhige und kalte Wetter umschlägt und von milder, zu Niederschlägen neigender Meeresluft abgelöst wird (Regeln 106, 107). Der von Westen heranziehende Tiefausläufer macht sich vielfach schon durch die rotgefärbten Wolken am Westhimmel bemerkbar.

Weitere Wetterboten sind farbige Ringe um Sonne und Mond. Dabei sind zwei Arten zu unterscheiden, die sprachlich in einigen Regeln etwas durcheinandergebracht werden. Höfe, auch Kränze genannt, sind farbige Ringe, die an Wolken nahe der Sonne und vor allem dem Mond im durchscheinenden Licht sichtbar werden. Sie entstehen dadurch, daß das Sonnen- bzw. Mondlicht in den Wassertropfen nicht sehr mächtiger Wolken in seine Farben zerlegt wird. Da aber aus reinen Wasserwolken entweder kein Niederschlag oder wenn, dann höchstens Sprühregen fällt, sind Höfe kein bedrohliches Wettersignal (Regel 111).

Den weiten farbigen Ring um Sonne und Mond nennt man Halo. Er entsteht dadurch, daß das weiße Sonnenlicht in dünnen Wolkenschichten aus Eiskristallen, nämlich in Cirrostratuswolken, in seine Spektralfarben zerlegt wird (Abb. 19). Ein heranziehendes, vollentwickeltes Sturmtief weist bereits lange vorher einen typischen Bewölkungsaufzug auf. Zunächst ziehen die Cirrostratus-, dann die Altostratus- und schließlich die niederschlagsreichen Nimbostratuswolken heran. Nach dieser ersten Wetterfront folgt eine zweite mit Cumuloniumbuswolken, heftigen Schauern und u. U. Orkanböen. Diese ganze Wetterentwicklung kündet sich mit hoher Wahrscheinlichkeit bereits mit dem Halo bzw. dem Cirrostratus an (Regeln 108, 109, 110, 111). Normalerweise treten Halos und Höfe bei Westwindwetter auf, d. h. die Tiefs ziehen von Westen nach Osten. Über dem östlichen Mitteleuropa ziehen Tiefs aber auch gelegentlich von Südost nach Nordwest. Einem vorübergehenden Warmluftvorstoß mit Glatteis kann dann im Winter sibirische Kaltluft folgen (Regel 112).

Ein Regenbogen zeigt immer an, daß es in einiger Entfernung regnet. Das Sonnenlicht wird dabei in den Wassertropfen der Schauerwolken in seine einzelnen Farben zerlegt, wobei der Regenbogen um so farbiger ist, je größer die Wassertropfen sind. Da man die Sonne im Rücken hat, wenn man einen Regenbogen sieht, handelt es sich bei den Regenbogenfarben folglich um Licht, das in den Tropfen gespiegelt wird und dann in das Auge des Beobachters fällt (Abb. 21).

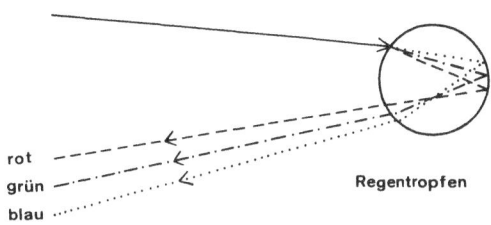

**Abb. 21.** Aufspaltung von weißem Sonnenlicht in Regentropfen in die Regenbogenfarben.

Da das Wetter im allgemeinen weiterzieht, läßt ein Regenbogen am Abend hoffen, daß die Schauerwetterlage bis zum nächsten Morgen durch das nächste Zwischenhoch abgelöst wird. Treten dagegen bereits am Morgen Schauer und damit Regenbögen auf, besteht meist wenig Hoffnung auf Wetterbesserung für den weiteren Tag, denn durch die Sonneneinstrahlung kann immer wieder erwärmte Luft aufsteigen und Wasserdampf nach oben transportieren (Regeln 113, 114). Ausnahmen sind dann zu erwarten, wenn sich Hochdruckeinfluß im Tagesverlauf durchsetzt.

Abschließend sei noch auf jene Bauernregeln eingegangen, die eine Abschätzung der nächtlichen Tiefsttemperaturen erlauben. Nachts verliert der Erdboden an Wärme, indem er sie an die Atmosphäre abgibt. Diese verliert einen Teil der erhaltenen Wärme an den Weltraum, einen anderen Teil strahlt sie als Wärmestrahlung zum Erdboden zurück. Je mehr Wasserdampf und Wolken vorhanden sind, um so weniger Wärme geht in den Weltraum verloren, um so mehr kommt zur Erde zurück, d. h. in stark bewölkten Nächten ist der Temperaturrückgang am Erdboden und in der daraufliegenden Luft nicht sehr groß.

Anders sind die Verhältnisse in wolkenarmen und klaren Nächten. Jetzt ist die atmosphärische Gegenstrahlung gering, und die vom Erdboden abgestrahlte Wärme geht großenteils in den Weltraum. Folglich ist in sternklaren, mondhellen Nächten immer mit einem starken Rückgang der Lufttemperatur zu rechnen (Regeln 115, 116). Nicht der Mond ist also die Ursache für kalte Nächte, sondern der Umstand, daß es wolkenarm ist, wenn man ihn sieht. Je klarer Mond und Sterne erscheinen, um so wasserdampfärmer ist die Luft und um so kälter wird die Nacht werden. Extrem kalt kann es dabei werden, wenn der Erdboden schneebedeckt ist.

## Das Gewitter

117 Tanzt das Stroh im Wirbelwind,
kommt ein Unwetter geschwind.
118 Große Unwetter kommen von großer Hitze.
119 Auf schwüle Luft folgt Donnerwetter.
120 Dampft's Strohdach nach Gewitterregen,
kehrt's Gewitter wieder auf anderen Wegen.
121 Wie das erste Gewitter zieht,
man die anderen folgen sieht.
122 Wetter, die langsam ziehen,
schlagen am schwersten.
123 Wenn das erste Wetter hagelt,
so hageln auch die folgenden gerne.
124 Hagel im Feld bringt Kält.
125 Ein kleiner Regen
dämpft ein großes Gewitter.
126 Donner im Winter –
steckt viel Kälte dahinter.

127 Alle bösen Wetter klaren gegen Abend.
128 Hohe Häuser trifft der Blitz am ehesten.
129 Ein Blitz trifft mehr Bäume als Grashalme.
130 Eichen soll man weichen,
vor den Fichten soll man flüchten,
auch die Weiden soll man meiden,
doch Buchen soll man suchen,
auch Linden soll man finden.

Gewitter entstehen, wenn in den Cumulonimbuswolken Bereiche mit positiven und negativen elektrischen Ladungen entstehen (Abb. 22). Wie Laborversuche gezeigt haben, kommt es bei der Bildung von Eisteilchen zu einem Abplatzen von Eissplittern. Während diese eine negative elektrische Ladung aufweisen, sind die größeren Eisteilchen positiv geladen. Durch die turbulenten Auf- und Abwinde in der Schauerwolke werden die großen und kleinen Eisteilchen in verschiedenen Teilen der Wolke konzentriert, die Gewitterwolke entsteht.

Da auch der Erdboden bei Gewitter eine starke elektrische Ladung aufweist, ist die Atmosphäre bestrebt, die elektrische Spannung in der Wolke einer-

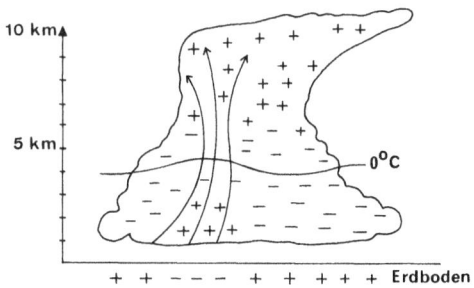

**Abb. 22.** Elektrische Ladungsverteilung in einer Gewitterwolke.

seits und zwischen Gewitterwolken und Erdboden andererseits wieder abzubauen. Es kommt gewissermaßen zu einem Kurzschluß. In diesem Sinne ist ein Blitz nichts anderes als ein außerordentlich langer Funke zwischen unterschiedlich geladenen Wolkenteilen bzw. zwischen Wolke und Erdoberfläche. Dabei kommen nur 20 % aller Blitze zur Erde, während 80 % in den Wolken bleiben. Da durch den Blitz die Luft in seinem unmittelbaren Bereich bis zu 30 000 °C erhitzt werden kann, entsteht eine heftige Druckänderung, der Donner. Dieser breitet sich mit Schallgeschwindigkeit, d. h. rund 1 km in 3 Sekunden aus. Wenn man die Sekunden zwischen Blitz und nachfolgendem Donner zählt und durch 3 teilt, erhält man somit die Entfernung des Gewitters in Kilometern vom Standort.

Was die Gefahren bei Gewitter angeht, so muß gesagt werden, daß der Blitz bevorzugt in jeden hohen Gegenstand einschlägt, gleichgültig ob Kirchturm, Mast, Haus, Baum oder Felsen. Sie alle beeinflussen das elektrische Feld der Erde so, daß es an ihnen stärker ist als über dem benachbarten Gelände (Regeln 128, 129). Geradezu lebensgefährlich ist die Regel 130, denn es gibt keine blitzschützenden Baumarten. Daher soll man bei Gewitter hohe und vor allem einzeln stehende Bäume ebenso wie Masten meiden. Am besten ist, wird man von einem Gewitter im Freien überrascht, sich in einiger Entfernung von Bäumen, Masten usw. hinzuknien und sich nach vorn zu beugen, d. h. sich im Vergleich zur Umgebung so klein wie möglich zu machen. Am sichersten ist man bei Gewitter unterwegs im Auto aufgehoben. Die Physiker sprechen von einem Faraday-Käfig. Selbst wenn der Blitz in die Karosserie einschlägt, wie das häufig bei Flugzeugen passiert, sind die Insassen geschützt,

**Abb. 23.** Cumulonimbuswolke mit Schauerniederschlag (Gewitterwetterlage).

da die elektrischen Ladungen nicht ins Wageninnere eindringen können.

Gewitterwolken entstehen bevorzugt, wenn die Luft viel Feuchtigkeit enthält und infolge kräftiger Erwärmung aufsteigt. Daher ist an schwülwarmen Tagen die Gewitterneigung besonders groß. Vor allem unmittelbar vor den heranziehenden Gewitterschauern können heftige Böen auftreten, die oft Sturmstärke erreichen (Regeln 117, 118, 119, 120). Wie die Radarbeobachtungen zeigen, ziehen die Gewitterwolken mit der Windrichtung in rund drei Kilometer Höhe (Regel 121), wobei ihr Schaden durch kräftige Schauer und Sturmböen um so größer ist, je länger sie an einem Ort verweilen (Regel 122). Vor allem in feuchten Gebieten, also an Flüssen, Seen, Mooren, wo viel Wasserdampf nach oben transportiert werden kann, und so die Wolke immer wieder mit Nachschub

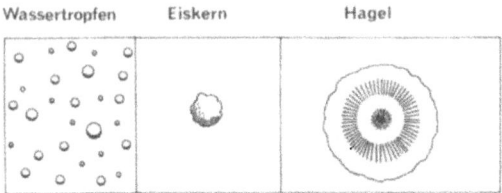

**Abb. 24.** Bildung von Hagelkörnern.

versorgt wird, kann sich das Gewitter längere Zeit aufhalten.

Der bei Gewitter auftretende Hagel ist eine Sonderform von Eisteilchen. Wenn sie sich bilden, so werden sie von den heftigen Auf- und Abwinden in der Gewitterwolke mehrmals nach oben und nach unten transportiert. Da auch in Wolken unten die Luft wärmer ist als oben, kommen die zunächst kleinen Körner durch Temperaturbereiche zwischen 0 °C und −30 °C oder sogar noch darunter. Dabei vergrößern sie sich, wobei der jeweils neue Eisüberzug schalenartig erfolgt. Die Folge ist, daß Hagelkörner, ähnlich wie Zwiebeln, mehrere Schichten aufweisen (Abb. 24). Falls die Hagelkörner beim Ausfallen in der warmen Luft unter der Wolke nicht aufschmelzen, können sie zu dem von den Bauern gefürchteten Hagelschlag führen, der große Teile der Getreideernte vernichten kann. Mit dem Gewitter ist meistens der Höhepunkt der Wärme, was relativ gesehen auch im Winter gilt, überschritten. Teils durch den Niederschlag, teils durch nachfolgende kältere Luft setzt der Temperaturrückgang ein. Dabei kann gelegentlich schon die abkühlende Wirkung des Regens das Gewitter dämpfen (Regeln 123, 124, 125, 126). Mit der zunehmenden abendlichen Abkühlung der Luft läßt der Transport von Wasserdampf nach oben grund-

sätzlich nach. Die Gewitteraktivität geht zurück und der Himmel klart auf (Regel 127). Dieser Vorgang erklärt, warum Nachtgewitter im Binnenland recht selten sind. Anders ist es an der Küste. Dort setzt sich infolge des recht warmen Meerwassers die Gewittertätigkeit häufig auch nachts fort.

## Der Föhn

131 Der Föhn macht das Wetter schön,
wenn er vergohd, fällt es ins Kot.
132 Wenn Linsenwolken am Himmel steh'n,
herrscht Föhn.

Der Föhn ist ein warmer und trockener Fallwind, der vom Gebirge her in die Alpentäler und ins Alpenvorland weht. Er entsteht, wenn feuchtwarme Luft vom Mittelmeer her gegen die Südseite der Alpen geführt wird (Abb. 25). Beim Aufsteigen der Luft bilden sich auf der Luvseite über Oberitalien mächtige Wolken, und es treten anhaltende, manchmal kata-

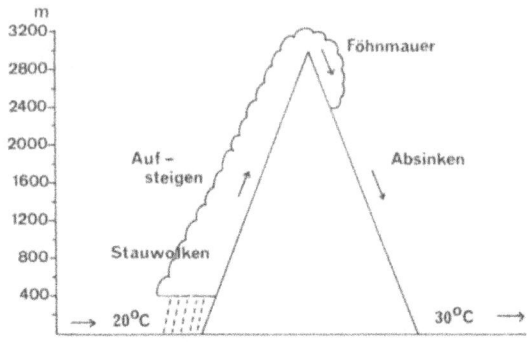

**Abb. 25.** Föhnentstehung.

strophenartige Niederschläge auf. Nach dem Überqueren des Alpenkamms sinkt die Luft auf der Alpennordseite ab. Absteigende Luft erwärmt sich und wird dabei immer ungesättigter, so daß sich vor allem die tiefen Wolken auflösen und das Wetter »föhnig aufgeheitert« ist. Zu erkennen ist dieser Gebirgswettertyp häufig an mittelhohen Altocumuluswolken, die ein linsenförmiges Aussehen (Regel 132) mit hellen Rändern haben (Abb. 26). Die Ursache, dafür, daß die Luft hinter dem Gebirge wärmer erscheint als davor, liegt daran, daß sich die Luft beim Aufsteigen in den mächtigen Wolken nur um 0,5 °C pro 100 m ab-

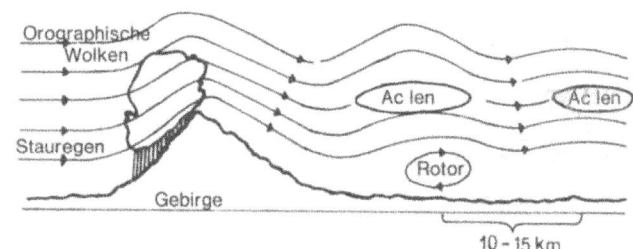

**Abb. 26.** Stau- und Wogenwolken an Gebirgen bei Föhn.

kühlt, während ihr Abstieg überwiegend in der wolkenfreien Zone erfolgt, wo sie sich um 1 °C pro 100 m erwärmt.

Am häufigsten tritt der Föhn im Frühjahr auf, am wenigsten häufig im Sommer. In Innsbruck herrscht rund 43mal im Jahr Föhn. Dabei kann der Föhnwind gelegentlich recht böig sein. Viele Menschen sind sehr föhnempfindlich. Die Föhnbeschwerden reichen dabei von Kopfschmerzen über Übelkeit, Kreislaufbeschwerden und Unkonzentriertheit bis zu schweren Depressionen.

Als Ursache für die Föhnbeschwerden werden schnelle (kurzperiodische) Luftdruckschwankungen angesehen, die durch die absteigende warme Föhnluft entstehen und sich auf die Gleichgewichtsorgane des Menschen und sein Nervensystem auswirken. Auch Haustiere, z. B. Rinder, sollen föhnempfindlich sein, d. h. besonders unruhig und reizbar sein, wenn Föhn herrscht.

Das schöne Föhnwetter tritt bei fallendem Luftdruck stets vor einem heranziehenden Tief auf. Das Vordrängen eines Tiefausläufers von Westen her beendet die Föhnperiode. Regen und Kaltluft verdrängen die trocken-warme Föhnluft (Regel 131).

## Wechselhaft

133 Wie der Freitag sich neigt,
    so der Sonntag sich zeigt.
134 Montagswetter wird nicht wochenalt.

Mitteleuropa liegt in einem Klimabereich, der überwiegend von einer westlichen Luftströmung zwischen 5 und 10 km Höhe beherrscht wird. In dieser

**Abb. 27.** Cumuluswolken unter Stratocumulus (Schauerwetterlage in Polarluft).

Westströmung entstehen fortlaufend neue Tiefdruckgebiete über dem Atlantik. Sie ziehen in der Regel ost- bis nordostwärts, überqueren die Britischen Inseln, die Nord- und die Ostsee und lösen sich über Osteuropa auf. Kennzeichen von Tiefs sind: tiefer Luftdruck, der ihnen den Namen gibt, ein Wind, der sie im Gegenuhrzeigersinn umweht (Nordhalbkugel), sowie ihre mit Wolken und Niederschlägen verbundenen Wetterfronten. Hinter der sog. Warmfront wird dabei Warmluft herangeführt, hinter der Kaltfront entsprechend Kaltluft. Tiefdruckgebiete führen daher zu wolkenreichem Wetter mit ausgedehnten Niederschlägen in ihrem Zentralbereich und vor der Warmfront sowie zu Schauern an und hinter der Kaltfront. Vereinigen sich Warm- und Kaltfront und damit auch ihre Wettererscheinungen, spricht man von einer Okklusionsfront. Wie zwischen zwei Tälern ein Berg sein

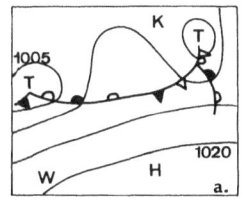 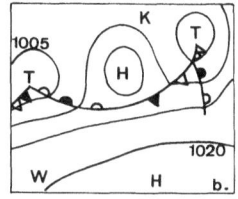

**Abb. 28.** Tiefdruckgebiete mit Zwischenhochkeil (**a**) bzw. Zwischenhoch (**b**) sowie kalter und warmer Luftmasse und (Wetter-)Fronten.

muß, befindet sich zwischen zwei Tiefs stets ein Hochdruckgebiet. Es tritt nicht allzu häufig ein, daß dieses so ausgedehnt ist, daß es für mehrere Tage oder sogar einige Wochen das mitteleuropäische Wetter bestimmt. Meistens handelt es sich nur um ein sogenanntes Zwischenhoch, das rasch weiterzieht. Kennzeichen von Hochs sind: hoher Luftdruck, ein Wind, der sie im Uhrzeigersinn umweht (Nordhalbkugel), sowie meist sonniges Wetter. Ein Zwischenhoch führt daher nur zu kurzzeitiger Wetterberuhigung, da danach sofort das nächste Tief folgt (Abb. 28).

Die beiden Regeln (133, 134) beschreiben diesen wechselhaften mitteleuropäischen Wettertyp. Einem Tiefausläufer am Freitag folgt am Sonnabend ein Zwischenhoch mit kurzer Wetterberuhigung, dem sonntags dann der nächste Tiefausläufer folgt. Einem Zwischenhocheinfluß am Freitag kann nach einem regnerischen Sonnabend wieder Wetterberuhigung am Sonntag folgen. Das gleiche Prinzip liegt der Montagswetterregel zugrunde.

Aber es gibt zu viele Ausnahmen von der Regel. Zum einen können sowohl die Zwischenhochs als auch die Tiefausläufer langsamer oder schneller ziehen als in der Regel angenommen. Zum anderen kann es sein, daß das Hoch so ausgedehnt ist und so langsam über Mitteleuropa ost- bis südostwärts zieht, daß es eine tagelange Schönwetterperiode mit hohen Temperaturen im Sommer und recht tiefen im Winter verursacht.

135  If it rains before seven,
it will stop before eleven.

Diese altenglische Bauernregel läßt sich auch in Schleswig-Holstein anwenden, denn die von See kommenden Regenbänder wie Aufheiterungszonen ziehen dort außerordentlich rasch.

So erfolgreich daher Bauernwetterregeln grundsätzlich für die Wetterabschätzung der nächsten Stunden angewendet werden können, so problematisch wird es, wenn es das Wetter auf einige Tage vorherzusagen gilt. Es ist kein Zufall, daß für diese Zeitspanne Bauernregeln fehlen. Erst für die Witterung der nächsten Wochen und Monate gibt es, wie das nächste Kapitel zeigt, wieder zahlreiche Bauernregeln.

# 4 Witterungsregeln

Von besonderem meteorologischen Interesse sind auch jene Bauernregeln, die sich mit der Witterung, also dem Wettercharakter eines längeren Zeitraums befassen. Ausgehend vom gegenwärtigen Wetterzustand wird mit den Witterungsregeln versucht, den Wettercharakter der nächsten Wochen oder Monate vorherzusagen. Sind die physikalischen Grundlagen der im vorangegangenen Kapitel behandelten Wetterregeln durchweg gut erkennbar, da Ursache und Wirkung unmittelbar aufeinanderfolgen, so ist der atmosphärische Zusammenhang bei den Witterungsregeln vielfach nur schwer zu durchschauen. Dies gilt vor allem, wenn Aussagen über den erst in einigen Monaten zu erwartenden Wettercharakter gemacht werden. Es ist daher nicht verwunderlich, daß dieser Typ von Bauernregeln oft mit großem Vorbehalt betrachtet wird. Spötter meinen sogar, zu gleich guten Ergebnissen würde man dadurch kommen, wenn man auswürfelte, ob es zu warm oder zu kalt, zu naß oder zu trocken werde, d. h. sie halten das Eintreffen einer Witterungsprognose für reinen Zufall. Das andere Extrem wäre zu glauben, die Vorhersage von Bauernregeln müßte immer eintreffen. Das Ziel der durchgeführten Untersuchungen war es da-

her, den Aussagegehalt, d. h. die Eintreffgenauigkeit von Bauernregeln zu ergründen. Dabei war von vornherein klar, daß die Ergebnisse nicht nach dem Prinzip »alles oder nichts«, sondern nach »sowohl als auch« sein würden. Statistische Wettervorhersagen, und um solche handelt es sich bei den Bauernregeln, sind immer Wahrscheinlichkeitsaussagen; je höher dabei der Grad der Eintreffwahrscheinlichkeit, um so weniger Ausnahmen gibt es vor der Regel.

Bei den Witterungsregeln fällt auf, daß ihr Bezugspunkt überwiegend kirchliche Festtage sind, wie der heilige Dreikönigstag (6. Januar), Maria Lichtmeß (2. Februar) oder Siebenschläfer (27. Juni) usw. Diese

Tage, an denen das künftige Witterungsgeschehen erkennbar sein soll, heißen Lostage (Lurtage), d. h. an ihnen soll sich das Los, das Schicksal der weiteren Wetterentwicklung entscheiden. Es wäre jedoch falsch zu glauben, daß unsere Ahnen dem Aberglauben verfallen waren, den Heiligen einen wetterbestimmenden Einfluß zuzuordnen. Vielmehr bildet sich der Bauer (kaum einer dürfte einen gedruckten Kalender besessen haben) seinen Kalender nach den zahlreichen mittelalterlichen kirchlichen Festtagen. Diese Feiertage waren fest in seinem Gedächtnis verankert, sie ordneten seinen Lebensrhythmus, entschieden über Arbeits- und Ruhetage.

Es erscheint daher ganz logisch, daß der Bauer diese Fixpunkte in seinem Alltagsleben zur Basis seiner Witterungsregeln machte. Es hieße jedoch, seine naturwissenschaftliche Beobachtungsgabe falsch einzuschätzen, würde man die Regeln nur auf den einen einzigen Tag beziehen. Vielmehr dürfte er stets den Gesamtwettercharakter um den Lostag gemeint haben. Man tut also gut daran, das Wetter ein bis zwei Tage vor und nach dem Lostag mit zu beachten, wenn es um die Anwendung der Witterungsregeln geht.

Erwähnt sei, daß sich u.a. auch die »Steuerabgaben« nach den kirchlichen Tagen richteten. Nach dem »Sachsenspiegel« aus dem frühen 13. Jahrhundert war am Margaretentag (13. 9.) der Getreidezehnt fällig, am Johannistag (24. 6.) der Fleischzehnt, am Urbanstag (25. 5.) der Obst- und Weinzehnt usw.

In diesem Zusammenhang muß gleich ein Problem erwähnt werden. Seit dem Jahr 46 v. Chr. hatte sich das Leben nach dem Julianischen Kalender (aufgestellt von Julius Caesar) gerichtet. Danach dauerte ein Jahr, das sich bekanntlich aus dem Umlauf der Erde um die Sonne ergibt, genau 365,25 Tage, also 6

Stunden mehr als 365 Tage. Diese 6 Stunden wurden durch einen Kunstgriff im Kalender berücksichtigt, nämlich durch die Einführung des Schaltjahres alle 4 Jahre.

Aber wie sich im Mittelalter herausstellte, stimmten Kalender und Sonnenstand nicht mehr überein. So muß z. B. die Sonne am Frühlings- und Herbstanfang genau senkrecht über dem Äquator stehen, was sie aber nicht mehr tat. Die Ursache dafür war, wie Astronomen zeigen konnten, daß unser Jahr nicht 365,25 Tage lang ist, sondern tatsächlich nur 365,2422 Tage beträgt. Das macht einen Unterschied von rund 11 Minuten pro Jahr; bis zum Mittelalter addierte sich dieser Fehler auf 10 Tage. Um diesen Kalenderfehler zu beheben, führte Papst Gregor XIII. die sog. »Gregorianische Kalenderreform« durch. Dazu ließ er auf den 4. Oktober 1582 als nächsten Tag den 15. Oktober 1582 folgen. Diese Verschiebung wirkte sich natürlich auch auf die an die Lostage gebundenen Bauernregeln aus. Wenn in unseren Kalendern z. B. der Siebenschläfertag mit dem 27. Juni angegeben ist, so ist das noch das alte Datum vor der Kalenderreform; tatsächlich müßte der Siebenschläfertag am 7. Juli sein. Ein Zeitgenosse hat diese Verwirrung der Bauern im folgenden Vers zum Ausdruck gebracht:

> »O Papst, was hast du angericht, mit deinem heillosen Gedicht, daß du verkehret hast die Zeit, dadurch irr gemacht uns arme Leut. Haben uns gerichtet in das Jahr, nach unseren Bauernregeln zwar. Das will jetzunder nimmer sein, Ursach weil du mit falschem Schein hast gemacht einen neuen Kalender, unseres alten ein großer Schender.«

Bei der Überprüfung der Witterungsregeln ergibt sich damit die Schwierigkeit, daß man wissen müßte, wann die betreffenden Regeln entstanden sind, denn alle vorgregorianischen Bauernregeln müssen um rund 10 Tage verschoben werden. Zum anderen ist aber, wie erwähnt, nicht der Lostag allein, sondern die Witterung eines mehrtägigen Zeitintervalls um den Lostag als Ausgangsbasis anzusehen, wodurch die Auswirkung der Kalenderreform auf die Regeln schon wieder etwas relativiert wird: Auch sind viele Regeln auf den verschobenen Termin später schon bezogen worden. Für die Untersuchung wurde daher festgelegt, daß alle Witterungsregeln zunächst in bezug auf den angegebenen Lostag zu überprüfen waren und nur in Fällen mit schlechtem Ergebnis zusätzlich eine Überprüfung bezogen auf einen zeitlich verschobenen Lostag stattzufinden hatte.

Für die Überprüfung der für Mitteleuropa geltenden Witterungsregeln wurden die täglichen klimatologischen Beobachtungen von Berlin benutzt. Dabei wurden im allgemeinen die Daten von 1908–1987, d. h. die 80jährige Meßreihe von Berlin-Dahlem herangezogen. In einigen Fällen wurden die gesamten, bis 1720/30 zurückgehenden Beobachtungen ausgewertet, doch ergibt sich hierbei das Problem, daß im Laufe der Jahrhunderte der Beobachtungsstandort häufiger verlegt worden ist, so daß es den alten Daten an Kontinuität fehlt. Einige Wetterelemente, wie z. B. Sonnenscheindauer oder Neuschneemenge, sind erst seit 1950 regelmäßig in der Dahlemer Meßreihe zu finden. In diesen Fällen standen der Auswertung daher nur rund 40 Jahre zur Verfügung.

Eine entscheidende Frage, will man den Bauernregeln unvoreingenommen Gerechtigkeit widerfahren lassen, ist: Nach welchen Grundsätzen wertet man aus, welcher methodische Ansatz wird den überlieferten Regeln gerecht?

Es darf wohl zu Recht angenommen werden, daß die Bauern weder Temperatur-, noch Niederschlags-, noch Sonnenscheinmessungen durchgeführt haben, zumal die meteorologischen Instrumente erst um 1700 n. Chr. in die Wissenschaft eingeführt wurden, also weit nach der Gregorianischen Kalenderreform. Unsere Vorväter und Vormütter beurteilten Wetter und Witterung qualitativ, d. h. ihre Erfahrung sagte ihnen, ob es zu warm oder zu kalt, zu naß oder zu trocken für die Jahreszeit war. Entsprechend sind auch ihre Witterungsregeln zu verstehen. Damit scheiden die streng quantitativ orientierten Methoden der modernen Statistik grundsätzlich aus, d. h. es darf z. B. nicht von einer der Oktoberregeln erwartet werden, daß sie bei einem zu warmen Oktober eine Aussage machen kann, ob der folgende Januar um 2 °C oder um 4 °C zu kalt wird; sie beschränkt sich auf die Aussage, daß der Januar zu kalt wird. Das bedeutet, daß eine Überprüfung der Witterungsregeln ihrer qualitativen Natur Rechnung zu tragen hat, indem sie sich an den Durchschnittswerten orientiert. Dieses ist geschehen. Bei den Regeln wurde durch Vergleich mit den Durchschnittswerten festgestellt, in wieviel Fällen es nach der genannten Ausgangswettersituation zu warm oder zu kalt war, zu trocken oder zu naß, zu sonnig oder zu trüb; je nach dem Inhalt der Regel. Die so erhaltenen Ergebnisse wurden in Prozent umgerechnet, um eine Wahrscheinlichkeitsaussage machen zu können. Eine Regel, die in 65 % der Fälle stimmt, in 35 % der Fälle aber Ausnahmen zeigt, ist also so anzusehen, daß sie im Mittel bei 2 von 3 derartigen Situationen zum richtigen Ergebnis führt. Dieses ist keine so schlechte Aussage, wie man zunächst vielleicht meinen mag, denn erst wenn bessere Methoden zur Verfügung stehen, kann man ein derartiges Resultat als überholt betrachten. Andernfalls ist jede Wahrscheinlichkeitsaussage, die wesentlich über 50 %, also über dem reinen Zufall liegt, ein Gewinn.

Angemerkt sei noch, daß die Güteaussagen als Tendenzaussagen zu verstehen sind, da die Regeln in anderen Regionen zu geringeren, aber auch zu höheren Eintreffgenauigkeiten führen können. Das Ziel der Untersuchung war es, die grundsätzliche Aussagekraft der Bauernregel zu überprüfen. Aus diesem Grunde und wegen der Vielschichtigkeit der Zusammenhänge sind daher statistische Signifikanzbetrachtungen nicht in die Diskussion einbezogen worden.

## Januarregeln

136 Ist bis Dreikönigstag kein Winter,
so kommt auch keiner (i. S. kein strenger)
mehr dahinter.
137 Nebel im Januar macht ein nasses Frühjahr.
138 Ist der Januar feucht und lau,
wird das Frühjahr trocken und rauh.
139 Ist der Januar hell und weiß,
wird der Sommer sicher heiß.
140 Auf trocken-kalten Januar
folgt viel Schnee im Februar.
141 Wenn der Frost nicht im Jenner
kommen will,
so kommt er im März oder April.
142 Wie das Wetter zu Makarius
(2. Januar) war,
so wird's im September: trüb oder klar.
143 Makarius (2. Januar) was Wetter prophezeit
für die ganze Erntezeit.
144 Wenn zu Antoni (17. Januar)
die Luft ist klar,
gibt's ein trockenes Jahr.
145 Wie das Wetter zu Vinzenz
(22. Januar) war,
wird es sein das ganze Jahr.
146 Ist zu Pauli Bekehr (25. Januar)
das Wetter schön,
wird man ein gutes Frühjahr sehn.
147 Januardonner über'm Feld
bringt noch große Kält'.

148 Friert es auf Vigilius (31. Januar),
im Märzen Kälte kommen muß.
149 Je frostiger der Januar,
desto freundlicher das ganze Jahr.

Sind der Dezember insgesamt sowie die Tage bis zum 6. Januar warm, d. h. wärmer als der vieljährige Durchschnitt, so bleibt in 70 % der Fälle der Januar, in 60 % der Februar zu warm. Für den Gesamtwinterabschnitt Januar (ab 7.) plus Februar ist mit einer Wahrscheinlichkeit von 80 % zu rechnen, daß seine Temperatur durchschnittlich oder überdurchschnittlich ausfällt, wobei natürlich einzelne, meist aber nur kurzzeitige Kaltlufteinbrüche nicht ausgeschlossen sind. Aber nur in 2 von 10 Fällen wird nach einem zu warmen Winter bis zum 6. Januar die zweite Winterhälfte zu kalt ausfallen (Regel 136). Diese Regel konnte in den letzten Jahren mit seinen meist zu milden Wintern immer wieder bestätigt und damit zur richtigen Prognose verwendet werden.

Treten im Januar mehr Nebel als normal (durchschnittlich) auf, dann wird das Frühjahr mit einer Wahrscheinlichkeit von 64 % zu feucht, d. h. in rund 2 von 3 Fällen wird die Niederschlagsmenge übernormal sein (Regel 137).

Unter der Voraussetzung unterdurchschnittlicher Bewölkung (hell) und überdurchschnittlicher Zahl der Tage mit einer Schneedecke im Januar folgt mit 60%iger Wahrscheinlichkeit ein insgesamt zu warmer Sommer. Auch für die Einzelmonate Juli bzw. August folgt jeweils eine Wahrscheinlichkeit von 60 % (Regel 139).

Ist der Januar trocken und kalt, so folgt in Norddeutschland nur mit 56 % Wahrscheinlichkeit, also nur 6 % über dem Zufall, eine überdurchschnittlich hohe maximale Schneedecke im Februar (Regel 140). In Süddeutschland dürfte der Wert deutlich höher sein. Das gleiche gilt für eine unternormale Zahl von Frosttagen (Temperaturminimum liegt unter 0 °C) im Januar. Dann sind in 67 % der Fälle auch weniger Frosttage als normal im März und in 50 % im April zu erwarten. So deutet auch der Ausdruck »Jenner« darauf hin, daß die Regel nicht aus Norddeutschland stammt (Regel 141). Auch nicht nachweisbar ist ein Zusammenhang zwischen dem Wetter um Makarius (2. Januar) und der Sonnenscheindauer im September (Regel 142). Wird der Lostag aber um 10 Tage verschoben, so läßt sich die Regel mit 65 % : 35 % bei übernormal sonnigem und mit 55 % : 45 % bei unternormal sonnigem Makariustag bestätigen. Für die Erntezeit im August ist ausgehend vom 2. Januar ebenfalls keine Beziehung festzustellen. Verschiebt man aber Makarius entsprechend der Kalenderreform um 10 Tage, so folgt nach niederschlagsarmem Wetter um den 12. Januar in 2 von 3 Jahren ein trockener August (Regel 143).

Ist um Antoni (17. Januar) die Sonnenscheindauer überdurchschnittlich hoch, so folgt mit einer Wahrscheinlichkeit von 70 % ein insgesamt zu trockenes Jahr (Regel 144).

Je nachdem, ob es um St. Vinzenz warm oder kalt ist, wird das ganze Jahr in 2 von 3 Fällen ebenfalls zu warm oder kalt (Regel 145). Sonnigem Wetter um Pauli Bekehr folgt mit 75 % Wahrscheinlichkeit ein überdurchschnittlich sonniges Frühjahr. Bei wolkigem Wetter um Pauli Bekehr wird dagegen das nachfolgende Frühjahr in 60 % der Fälle wenig Sonnenschein aufweisen (Regel 146).

Wintergewitter sind selten. Sie treten auf, wenn nach Mitteleuropa eingeströmte Warmluft wieder von

Polarluft verdrängt wird. Diese wird dann in der Folgezeit bei uns wetterbestimmend sein (Regel 147).

Tritt um Vigilius (31. Januar), also vom 30. Januar bis 1. Februar, kein Frost auf oder nur an einem Tag, so ist die Zahl der Frosttage im März mit 75 % Wahrscheinlichkeit unternormal. Tritt aber um Vigilius häufiger Frost auf, so ist im März mit einer Wahrscheinlichkeit von 65 % eine durchschnittliche (5 %) bis überdurchschnittliche (60 %) Zahl von Frosttagen zu erwarten. Auch wenn die Einzelwerte stark streuen, so wird dieser Sachverhalt außerdem anhand der Mittelwerte deutlich. Bei fehlendem oder nur einmaligem Frost um Vigilius sind im März durchschnittlich 12 Frosttage zu erwarten, bei häufigerem Frost folgen im März dagegen 16 Frosttage (Regel 148).

Sehr interessant ist die Regel 149, die bei oberflächlicher Betrachtung ein warmes, sonniges Jahr nach einem kalten Januar zu versprechen scheint. Doch Sonnenscheindauer und Niederschlag sind nach kaltem Januar zu rund 50 % unterdurchschnittlich und zu 50 % überdurchschnittlich. Auch hinsichtlich der Temperatur gibt es keine Bestätigung der Regel. Was also haben die Bauern mit einem freundlichen Jahr gemeint? Es liegt nahe, an die Ernteaussichten zu denken. Folglich ist die Regel statt unter den Witterungsregeln unter den Ernteregeln einzuordnen. Dort ergibt sie einen Sinn, denn ein »freundliches Jahr« ist für den Bauern ein Jahr mit Regen zur rechten Zeit und mit Sonnenschein zur rechten Zeit; sein Streben galt einer guten Ernte und nicht einer intensiven Urlaubsbräune.

## Februarregeln

150 Wenn die Februarsonne
den Dachs nicht weckt,
schläft er im April noch fest.
151 Nebel im Februar
bringt Regen oft im Jahr.
152 Ist's im Februar kalt und trocken,
so wird's im August heiß.
153 Je nasser ist der Februar,
desto nasser wird das ganze Jahr.
154 Im Hornung (Februar) Schnee und Eis,
macht den Sommer lang und heiß.
155 Wenn's der Hornung gnädig macht,
bringt der Lenz den Frost bei Nacht.
156 Ist der Februar sehr warm,
friert man Ostern bis in den Darm.
157 Regen im Hornung, Schnee im Mai (März).
158 Ist's an Lichtmeß (2. Februar) hell und rein,
wird ein langer Winter sein,
wenn es aber stürmt und schneit,
ist der Frühling nicht mehr weit.
159 Bringt Maria Reinigung (2. Februar) Sonnenschein,
wird die Kält' noch größer sein.
160 Scheint an Lichtmeß die Sonne heiß,
kommt noch sehr viel Schnee und Eis.
161 Ein Bauer sieht lieber, ein Wolf
bricht in seine Herde ein,
als daß der Lichtmeßtag zeigt Sonnenschein.
162 Sonnt sich der Dachs in der Lichtmeßwoche,
bleibt er 4 Wochen noch im Loche.
163 Felix und Petrus (21./22. Februar) zeigen an,
was wir 40 Tage für Wetter han.

164 Wenn's an Petri Stuhlfeier (22. Februar) kalt,
die Kält' noch 40 Tage anhalt.
165 Wie's Petrus und Matthias (22./23. Februar) macht,
so bleibt es noch durch 40 Nacht.

Ist der Februar zu kalt, so zeigt sich, daß der März mit 70 % und der April mit 80 % Wahrscheinlichkeit zu kalt ausfallen. Ist der Februar aber zu warm, so folgt mit 62 % Wahrscheinlichkeit ein zu warmer März und mit 68 % ein zu warmer April (Regel 150).

Eine überdurchschnittlich hohe Zahl von Nebeltagen im Februar führt in 6 von 10 Fällen dazu, daß im Zeitraum März bis September mehr Regentage als normal beobachtet werden (Regel 151). Ist der Februar nicht nur zu kalt im Vergleich zum Durchschnittswert, sondern auch noch deutlich zu trocken, so kann in 2 von 3 Fällen mit einem übernormal warmen August gerechnet werden (Regel 152).

Nach einem zu nassen Frühjahr folgt mit rund 60 % Wahrscheinlichkeit ein insgesamt zu niederschlagsreiches Jahr, nach einem zu trockenen Februar wird auch das ganze Jahr in 6 von 10 Fällen zu trocken. Zum gleichen Ergebnis kommt man, wenn die Niederschlagsmenge nur für das Sommerhalbjahr (März–September) in Relation zum Februar gesetzt wird (Regel 153).

Kein Zusammenhang ist zwischen einem überdurchschnittlich warmen Sommer und der Zahl der Schneetage im Februar zu erkennen. Auch die Betrachtung der Zahl der Eistage im Februar, d. h. der Tage, an denen die Temperatur auch tagsüber unter 0 °C bleibt, führt zu keinem Ergebnis (Regel 154).

Bei einer unterdurchschnittlichen Zahl von Frosttagen im Februar läßt sich auch kein »Nachholbedarf« im Frühjahr nachweisen. Vielmehr setzt sich für März wie für das gesamte Frühjahr nach den Berliner Daten mit 70 % Wahrscheinlichkeit die Tendenz zu zu wenig Frosttagen fort (Regel 155). Möglicherweise spielt nach einem milden Februar die Sorge keine Rolle, daß Knospen und Triebe durch Fröste im Frühjahr besonders gefährdet sind. So wäre dann auch die Osterregel zu verstehen, der schon aus der Verschiebung des Osterfestes von Jahr zu Jahr keine strengere meteorologische Bedeutung zukommen kann (Regel 156). Das gleiche gilt für Schneefall im März bzw. sehr seltenen Schneeregen im Mai, die keinen Zusammenhang mit Februarregen erkennen lassen (Regel 157).

Eine sehr große Beachtung findet das Wetter zu Lichtmeß (2. Februar). Die Ursache dafür dürfte in der Erhaltungsneigung der Witterung zu sehen sein. Ist es Anfang Februar sonnig (klar und rein), so bleibt Hochdruckeinfluß in der Regel noch längere Zeit erhalten. Hoher Luftdruck im Winter bedeutet aber zum einen die Zufuhr von Festlandskaltluft aus Osteuropa und Sibirien und zum anderen bei klarem Himmel kräftige Nachtfröste, vor allem wenn Schnee liegt. Ist es um Lichtmeß überdurchschnittlich sonnig, so ist mit 60 % Wahrscheinlichkeit im Februar und mit 67 % für Februar und März zusammen eine übernormal hohe Anzahl von Frosttagen zu erwarten (Regeln 158, 159, 160, 161, 162). Auch wird durch den Begriff »Lichtmeßwoche« deutlich, daß nicht der Lostag allein, sondern das Wetter um den jeweiligen Lostag die Ausgangsbasis ist.

Ist es in der Zeit um Felix, Petrus und Matthias (21.–23. Februar) übernormal warm, so wird die

Temperatur bis Ende März mit 62 % Wahrscheinlichkeit insgesamt zu hoch ausfallen, ist es dagegen um die 3 Lostage zu kalt, so wird der Zeitraum bis Ende März mit 65 % Wahrscheinlichkeit, also in 2 von 3 Jahren, zu kalt werden. Auch in bezug auf den Niederschlag läßt sich die Aussage bestätigen. Wenn es vom 20.–23. Februar ohne Regen abgeht, folgt mit rund 90 % Wahrscheinlichkeit eine unternormale Zahl von Niederschlagstagen bis Ende März; ist es aber regnerisch zu den Lostagen, so ist mit 62 % Wahrscheinlichkeit eine überdurchschnittlich große Zahl von Niederschlagstagen zu erwarten (Regeln 163, 164, 165).

## Märzregeln

166 Wenn im März viel Winde weh'n,
 wird's im Maien warm und schön.
167 Auf Märzenregen
 dürre Sommer zu kommen pflegen.
168 Märzennebel in 100 Tagen Regen bringen.
169 Auf einen starken Märznebel
 fällt 100 Tage drauf ein Gewitter.
170 Wenn's auf kahle Bäume wittert,
 kommt noch Kälte angeschlittert.
171 Einem freundlichen März
 folgt ein freundlicher April.
172 Soviel Nebel im März,
 soviel Gewitter im Sommer.
 bzw.
 soviel Nebel im März,
 soviel Frost im Mai.
173 Donnert's im März,
 dann friert's im April.

174 Wenn's donnert an Kunigund (3. März),
bleibt das Wetter lange bunt.
175 Wie's im März regnet,
wird's im Juni wieder regnen.
176 Regen, die die 40 Märtyrer
(10. März) senden,
wird erst nach 40 Tagen enden.
177 Wie das Wetter zu Frühlingsanfang
(21. März),
ist es den ganzen Sommer lang.
178 Hält St. Ruprecht (28. März)
den Himmel rein,
so wird es auch im Juli sein.

Wird im März Windstärke 6 (oder mehr) überdurchschnittlich häufig beobachtet, so fällt der Mai mit 60 % Wahrscheinlichkeit sonniger als normal aus (Regel 166). Mit der gleichen Wahrscheinlichkeit folgt einem regenreichen März ein trockener Sommer (Regel 167). Die Frage, ob es 100 Tage nach einem Märznebel Regen gibt, beantwortet sich von selbst, wenn man bedenkt, daß es in unserem mitteleuropäischen Klima im Durchschnitt jeden 2. Tag regnet. Erstaunlich ist dennoch, daß die Niederschlagswahrscheinlichkeit genau am 100. Tag 60 % beträgt, für die Tage davor und danach aber nur 50 % (Regel 168). Die Gewitterwahrscheinlichkeit ist dagegen am 100. Tag wie an den Tagen davor und danach gleich und beträgt 20 % (Regel 169). Wie schon erwähnt, zeigen Gewitter an, daß zu uns vorgedrungene Warmluft von Kaltluft wieder verdrängt wird, d. h. das Auftreten von Gewittern ist stets mit einem nachfolgenden Temperaturrrückgang verbunden (Regel 170).

Einem sonnenscheinarmen und zu kalten, also unfreundlichen März folgt mit 63 % Wahrscheinlich-

keit ein sonnenscheinarmer und zu kalter, also unfreundlicher April. Ist der März aber wärmer und sonniger als normal, so folgen freundliche und weniger freundliche Aprilmonate im Verhältnis 50 % : 50 % (Regel 171). Ob vielleicht im Laufe der Jahrhunderte die Vorsilbe »un« verloren gegangen ist? Auch kein Zusammenhang läßt sich zwischen der Nebelhäufigkeit im März und den seltenen Maifrösten einerseits bzw. den Sommergewittern andererseits finden (Regel 172). Auch wenn in Jahren mit Märzgewittern die durchschnittliche Zahl der Frosttage im April einige Zehntel höher liegt als in Jahren ohne Märzgewitter, so ist die Regel 173 mehr dem

Sinn nach zu verstehen. Gewitter sind mit Warmluft verbunden. Wärme im März ist aber trügerisch, denn mit Sicherheit kommen als »Aprilwetter« Kaltlufteinbrüche mit Schneeschauern noch hinterher, so wie es Regel 174 zum Ausdruck bringt.

Kein Zusammenhang besteht in Berlin zwischen den Niederschlagsmengen von März und Juni (Regel 175). Einem zu trockenen wie einem zu feuchten März folgen trockene bzw. feuchte Juni jeweils im Verhältnis 50 : 50 (%). Für München haben dagegen Gerhorst et al. (1987) gefunden, daß einem deutlich zu trockenen März mit 87 % Wahrscheinlichkeit ein zu trockener Juni folgt.

Keine Bestätigung läßt sich für die Regel zum Märtyrertag (10. März) finden. Ob die Tage trocken blieben oder regnerisch waren, in jedem Fall ist in den 40 Folgetagen mit durchschnittlich 18 Regentagen zu rechnen (Regel 176). Dagegen deutet ein überdurchschnittlich warmer Frühlingsanfang (21. März) mit 69 % Wahrscheinlichkeit auf einen insgesamt zu warmen Sommer hin. Einem zu kalten Frühlingsanfang folgt mit einer Wahrscheinlichkeit von 60 % ein normal bis unternormal warmer Sommer (Regel 177). Für die Sommermonate im einzelnen gilt, daß nach einem zu warmen Frühlingsanfang der Juni mit 63 % und der Juli mit 58 % Wahrscheinlichkeit zu warm werden, während für August keine Tendenz zu erkennen ist (50 % : 50 %). Bei einem zu kalten Frühlingsbeginn weisen alle 3 Sommermonate eine leichte Tendenz (55 %) zu unterdurchschnittlichen Temperaturen auf. Kein Zusammenhang läßt sich zwischen dem Wetter um den 21. März und der Zahl der Niederschlagstage im Sommer finden.

Ist es um St. Ruprecht (28. März) überdurchschnittlich sonnig, so wird der Juli mit 67 % Wahrscheinlichkeit sonniger als normal sein. Wenn es aber Ende März sonnenscheinarm ist, so ist mit 62 % Wahrscheinlichkeit auch ein sonnenscheinarmer Juli zu erwarten. Auch in bezug auf die Bewölkung, die die nächtlichen Verhältnisse miterfaßt, läßt sich die Regel bestätigen.

## Aprilregeln

179 Wie's im April und Maien war,
 so wird das Wetter im ganzen Jahr.
180 Nasser April – trockener Juni.
181 Gibt's im April mehr Regen
 als Sonnenschein,
 wird warm und trocken der Juni sein.
182 Wenn's (viel) regnet am Amantiustag
 (8. April),
 ein dürrer Sommer folgen mag.
183 Gewitter vom Georgiustag (23. April),
 folgt gewiß noch Kälte nach.
184 Ist Georgii (23. April) warm und schön,
 wird man noch rauhes Wetter seh'n.
185 Ist's vor Markus (25. April) warm,
 wird's danach kalt.
186 Gefriert's auf St. Vital (28. April),
 gefriert's noch 15 mal.
187 Mondhelle Nächte im April
 schaden der Baumblüte viel.

Vergleicht man die Mitteltemperatur des meteorologischen Zeitraums Sommer und Herbst, also Juni bis November, mit der Mitteltemperatur von April und Mai, so folgt in 2 von 3 Fällen auf einen kühlen April/Mai ein kühler Sommer/Herbst und ebenfalls in

2 von 3 Fällen (65 % Wahrscheinlichkeit) auf einen zu warmen April/Mai ein insgesamt zu warmer Zeitraum Sommer/Herbst. Annähernd zum gleichen Ergebnis kommt man auch bei Betrachtung des Zeitraums Juni–Dezember (Regel 179). Hinsichtlich der Niederschlagsmenge ist kein Zusammenhang zwischen den beiden Frühjahrsmonaten und den Folgezeiträumen festzustellen. Das gilt auch für den Zusammenhang zwischen April und Juni (Regeln 180, 181).

Bei unterdurchschnittlichem Niederschlag um den Amantiustag (8. April) sind zu nasse und zu trockene Sommer gleich häufig. Regnet es dagegen viel, d. h. mehr als im Durchschnitt in dieser Zeit, so ist danach mit 66 % Wahrscheinlichkeit, also in 2 von 3 Fällen, ein zu trockener Sommer (Juni – August) zu erwarten (Regel 182).

Tritt Ende April sonniges und warmes Wetter auf, so weiß jedermann, daß es so nicht bleiben wird, sondern daß mit dem nächsten Kaltluftvorstoß gerechnet werden muß. Die Frage ist nur, wie kalt die herangeführte Luft ist. Handelt es sich dabei um frische Polarluft, so kann es bei nächtlichem Aufklaren leicht zu Frost oder Bodenfrost und damit zu Schäden an der Baumblüte kommen. Erst Mitte Mai, ist der Winter vorbei, heißt eine Regel zu den Eisheiligen, und genau dieser Sachverhalt wird auch hier beschrieben (Regeln 183–187).

## Mairegeln

188 Der Mai kommt gezogen,
wie der November verflogen.
189 Auf nassen Mai folgt ein trockener Juni.
190 Nordwind im Mai
bringt Trockenheit herbei.
191 Weht im Mai der Wind aus Süden,
ist uns Regen bald beschieden.
192 Ist der Pankratz (12. Mai) schön,
gibt's einen guten Herbst.
193 Wie's Wetter an St. Urbanstag (25. Mai),
so es im Herbst wohl werden mag.
bzw.
Das Wetter auf St. Urban
zeigt des Herbstes Witterung an.
194 Ist der Frühling (März, April, Mai) trocken,
gibt's einen nassen Sommer.

Es gibt eine Reihe von Bauernregeln, die von einem 6monatigen Rhythmus des Witterungsverhaltens ausgehen. Weder für die Temperatur oder die Sonnenscheindauer noch für den Niederschlag ist ein Zusammenhang zwischen November und Mai feststellbar. Lediglich in bezug auf die langjährige mittlere Niederschlagsmenge von rund 50 mm (l/m$^2$) weisen beide Monate eine Gemeinsamkeit auf (Regel 188). Daß nach einem zu nassen Mai ein zu trockener Juni folgen soll, läßt sich nicht für Berlin, wohl aber für das Alpenvorland bestätigen. Dort folgt mit 60 % Wahrscheinlichkeit nach einem zu nassen Mai ein zu trockener Juni (Regel 189).

Mit nördlichem Wind wird im Mai frische Polarluft herangeführt; diese zeichnet sich durch niedrige Temperaturwerte und durch Trockenheit aus.

Trotz anhaltenden Sonnenscheins liegt dabei die Mittagstemperatur kaum über 15 °C. Nachts besteht Frostgefahr. Dieses ist die typische Wetterlage für die Eisheiligen (s. Kap. 2). Mit Südwind ist dagegen feucht-warme Luft verbunden. Sie führt unter Tiefdruckeinfluß zu Wolkenbildung und zu Regen (Regeln 190, 191).

Ist es um Pankratz (12. Mai) überdurchschnittlich warm, so folgt mit einer Wahrscheinlichkeit von 63 % ein zu warmer Oktober und mit 68 % ein zu warmer November. Zum September besteht dagegen kein Zusammenhang (Regel 192).

Überdurchschnittlich sonniges Wetter um St. Urban (25. Mai) kündigt mit 60 % Wahrscheinlichkeit einen sonnigen Herbst an, wobei vor allem der September in 2 von 3 Jahren zu sonnig ausfällt. Bringt aber das Wetter um St. Urban eine unterdurchschnittliche Sonnenscheindauer, so wird der Herbst insgesamt mit 75 % Wahrscheinlichkeit normal (10 %) bis unternormal (65 %) sonnig sein (Regel 193).

Kein Zusammenhang läßt sich dagegen zwischen den Niederschlagsmengen von Frühjahr und Sommer finden (Regel 194).

## Juniregeln

195 Juni viel Donner
 verkündet trüben (Hoch-)Sommer.
196 Stellt der Juni mild sich ein,
 wird's auch der September/Dezember sein.
197 Wie's Wetter zu Metardi (8. Juni) fällt,
 es bis zum Monatsende hält.
198 Regnet es am Siebenschläfertag (27. Juni),
 es noch sieben Wochen regnen mag.
199 Das Wetter am Siebenschläfertag,
 7 Wochen bleiben mag.
200 Regnet's an St. Peters-Tag (29. Juni),
 drohen 30 Regentag'.

Nach überdurchschnittlich vielen Gewittern im Juni folgt in 3 von 4 Jahren, also mit 75 % Wahrscheinlichkeit, ein Juli mit unterdurchschnittlicher Sonnenscheindauer (Regel 195).

Ein Zusammenhang zwischen einem überdurchschnittlich warmen Juni und einem zu warmen September läßt sich nicht bestätigen. In einer anderen Überlieferung ist als Prognosemonat der Dezember genannt. Zwar läßt sich auch zu ihm kein Zusammenhang finden, doch spricht der Halbjahresrhythmus dafür, daß dieses die ursprüngliche Regel ist und es sich in bezug auf den September um einen Übertragungsfehler handeln könnte (Regel 196).

Regnet es um Metardi (8. Juni), so liegt in der 2. und 3. Junidekade mit 64 % Wahrscheinlichkeit die Zahl der Regentage über dem Durchschnitt. Ein trockener Metarditag läßt dagegen keine Aussage zu. Ganz analog verhält sich die Sonnenscheindauer, die auch nur im unternormalen Fall eine Tendenz zeigt (Regel 197). Wie die Ausführungen zur Schafskälte in Kap. 2 belegen, ist in bezug auf die Temperatur eine Aussage auch gar nicht zu erwarten.

Eine große prognostische Bedeutung über den Verlauf der Witterung im Hochsommer wird dem Siebenschläfertag (27. Juni) zugeschrieben. Der Name dieses Tages geht auf eine christliche Legende zurück. Sieben Jünglinge (christliche Brüder) hatten sich im Jahre 251 n. Chr. während der Christenverfolgung in einer Höhle bei Ephesus versteckt. Sie wurden eingemauert und sollen dort fast 200 Jahre geschlafen haben. Erst 446 n. Chr., als die Höhle zufällig entdeckt wurde, wachten sie auf, berichteten über ihr wundersames Schicksal und starben.

Legt man den Wetterverlauf um den 27. Juni zugrunde, so werden mit 61 % Wahrscheinlichkeit die 7 Folgewochen ebenso ausfallen, d. h. zu nassen Tagen um Siebenschläfer folgt ein zu nasser Sommer, einem Siebenschläfer mit unterdurchschnittlicher Regenmenge ein zu trockener Sommer (Regeln 198, 199, 200).

Für das Alpenvorland ergibt sich sogar eine Eintreffwahrscheinlichkeit von fast 70 %, während an der Küste keine eindeutige Siebenschläferbeziehung festzustellen ist.

Nun hat F. Baur (1956) nachgewiesen, daß eine höhere Aussagekraft über den Sommer zu erwarten ist, wenn die Luftdruckverteilung zwischen dem 5. und 10. Juli zugrunde gelegt wird. Auch dieses Ergebnis läßt sich in Übereinstimmung mit den Bauernregeln verstehen, wie sich bei den Juliregeln zeigt.

## Juliregeln

201 Bringt der Juli heiße Glut,
 gerät auch der September gut.
202 Fällt Regen am Heimsuchungstag (2. Juli),
 4 Wochen lang er währen mag.
203 Ist Siebenbrüder (10. Juli) ein Regentag,
 so regnet's noch 7 Wochen danach.
204 Wie die sieben Brüder das Wetter gestalten,
 so soll es noch 7 Wochen halten.
205 Wie's Wetter an St. Margaret (13. Juli),
 dasselbe noch 4 Wochen steht.
206 Sind um Jakobi (25. Juli) die Tage warm,
 gibt's im Winter viel Kält' und Harm.
207 Jakobi ohne Regen
 deutet auf strengen Winter.
208 Jakobi klar und rein,
 wird's Christfest frostig sein.
209 Genauso wie der Juli war,
 wird nächstes Mal der Januar.

Einem warmen Juli folgt in 2 von 3 Fällen ein normaler bis zu warmer September. Ist in Süddeutschland der Juli deutlich wärmer als normal, so gilt dieses in 3 von 4 Fällen auch für den folgenden September (Regel 201).

Wie bereits angedeutet, lassen sich auch viele Juliregeln als Siebenschläferregeln verstehen (Regeln 202–205). Schon die Bezeichnung »Siebenbrüder«

weist darauf hin, daß der eigentliche Siebenschläferzeitraum erst Anfang Juli liegt. Der Grund ist leicht zu erkennen. Durch die Gregorianische Kalenderreform von 1582 hat sich des Lostag, an dem sich also das Los unseres mitteleuropäischen Sommers entscheidet, um 10 Kalendertage verschoben. Der wahre Siebenschläfer ist demnach der 7. Juli bzw. der Zeitraum vom 5.–10. Juli, so wie es F. Baur meteorologisch nachgewiesen hat.

Legt man den Wetterablauf um den 7. Juli zugrunde, so beträgt die Wahrscheinlichkeit 65 %, daß nach einem zu nassen bzw. trockenen Siebenschläfer ein entsprechend zu nasser bzw. zu trockener Hochsommer folgt. In 2 von 3 Fällen führt die Regel somit zum richtigen Ergebnis.

In München folgt einem trockenen Juli-Siebenschläfer sogar mit 80 % Wahrscheinlichkeit ein trockener Hochsommer, während in Hamburg keine Aussage möglich ist (Gerhorst et al. 1987). Offensichtlich gilt die Siebenschläferregel nur im Binnenland mit seinem häufiger hochdruckbeeinflußten, konvektiven Wetter; heiteren Abschnitten folgen grundsätzlich Schauer. An der Küste ziehen dagegen häufiger ausgedehnte Regengebiete durch.

Eine zweite Betrachtungsweise soll die Aussage für Berlin ergänzen. Bei einer niederschlagsarmen Zeit um den Siebenbrüdertag sind im Durchschnitt in den 7 Folgewochen 20–25 Regentage, d. h. Tage, an denen es irgendwann geregnet hat, zu erwarten. Ist es aber um den Juli-Siebenschläfer regnerisch, so muß mit bis zu 35 Regentagen in den folgenden 7 Wochen gerechnet werden.

Wie läßt sich meteorologisch verstehen, daß sich Anfang Juli der Charakter des mitteleuropäischen Hochsommers entscheidet? Alle Wettervorgänge entstehen letztlich aus dem Gegensatz von polarer Kaltluft und (sub-)tropischer Warmluft. Den Bereich in mittleren Breiten, wo diese beiden Luftmassen aneinandergrenzen, nennt man Polarfront, d. h. wie an einer militärischen Front stehen sich die beiden Luftmassen gegenüber. In diesem Grenzbereich entstehen bevorzugt die Tiefdruckgebiete, die um so intensiver werden, je stärker dort der Temperaturgegensatz zwischen Polar- und Subtropikluft ist. In 5–10 km Höhe befindet sich über der Polarfront eine Starkwindzone, die man als Strahlstrom (engl. Jet) bezeichnet. Unter dem Strahlstrom ziehen die Tiefs von Westen nach Osten. Liegt die Starkwindzone nun weiter im Norden, so befindet sich Mitteleuropa weiter von den Zugbahnen der Tiefdruckgebiete entfernt und somit mehr im Einflußbereich des Azorenhochs. Verläuft aber der Strahlstrom einige hundert Kilometer weiter südlich, so ziehen die vom Atlantik kommenden Tiefs über die Nord- und Ostsee ostwärts, und Mitteleuropa wird laufend von Tiefausläufern überquert. Die in der westlichen Luftströmung zwischen den Tiefausläufern eingelagerten Zwischenhochs bringen, wie der Name es schon sagt, nur kurzzeitig Wetterberuhigung. Zur Siebenschläferzeit hat die Atmosphäre sich in der Regel entschieden, in welchem Breitenkreisbereich der Strahlstrom liegt, also wie weit nördlich die Tiefs ostwärts ziehen. Infolge der Erhaltungsneigung setzt sich danach entweder der Hochdruckeinfluß des Azorenhochs über Mitteleuropa bevorzugt fort oder aber der wechselhafte Wettercharakter unter überwiegendem Einfluß des Islandtiefs. Unsere Vorfahren haben somit klar erkannt, daß in 2 von 3 Fällen im Alpenvorland sogar in 4 von 5 Fällen, das Wetter um den Siebenschläfertag die Tendenz des Hochsommers signalisiert, auch wenn sie noch nichts von Polarfront,

Strahlstrom, Zyklonen (Tiefs) und Antizyklonen (Hochs) gewußt haben.

Aussichten auf den kommenden Winter soll das Wetter um den Jakobitag (25. Juli) erlauben. Wie sich zeigt, sind nach einem trockenen bzw. warmen Lostag zu kalte und zu warme Dezember und Februare gleich wahrscheinlich. Dagegen folgt mit 60 % Wahrscheinlichkeit ein zu kalter Januar. Der gleiche Wert ergibt sich für einen zu milden Januar, wenn es um Jakobi zu kalt ist (Regeln 206, 207).

Dieses Ergebnis könnte u. U. auch Regel 209 erklären, wenn anstatt der Juliwitterung insgesamt der Wettercharakter Ende Juli gemeint ist. Vereinfachungen bei der mündlichen Weitergabe oder auch Fehler in den schriftlichen Sammlungen dürften in manchen Fällen den Sinn einer Regel verändert haben.

Nicht bestätigen läßt sich der Zusammenhang von Sonnenscheindauer am Jakobitag und einem frostigen Weihnachtswetter (Regel 208). Hierzu ist zu bemerken, daß es im jetzigen Jahrhundert nur in 34 %, also nur alle 3 Jahre ein frostiges Christfest gegeben hat. Winterwetter vor Weihnachten endet in der Regel vor oder zu den Festtagen, so daß das »Weihnachtstauwetter« ein fester meteorologischer Begriff geworden ist. Von diesem Ereignis ist in den Bauernregeln aber keine Rede. Bei der guten Beobachtungsgabe unserer Vorfahren bleibt daher zu vermuten, daß es dieses Wetterphänomen zu ihrer Zeit noch nicht gegeben hat.

Ein guter Zusammenhang besteht zwischen den Monaten Juli und August. In 2 von 3 Fällen setzt sich – bezogen auf den Monatsmittelwert – warmes, in 3 von 4 Fällen kühles Juliwetter im August fort. Dabei folgt einem sehr sonnigen Juli mit 75 % Wahrscheinlichkeit ein sonniger August (Regel 205).

## Augustregeln

210 Wenn's im August taut,
bleibt das Wetter traut.

211 Wenn's im August stark tauen tut,
bleibt gewöhnlich auch das Wetter gut.

212 Im August Wind aus Nord,
jagt unbeständig' Wetter fort.

213 Augustsonne, die schon früh brennt,
nimmt nachmittags kein gutes End.

214 Wie Lorenz und Bartl sind,
wird auch der Herbst – sei's rauh, sei's lind.

215 Bischof Felisc (30. August) zeigt an,
was wir 40 Tag' für Wetter han.

216 Wie der August war,
wird der künftige Februar.

217 Macht der August uns heiß,
bringt der Winter viel Eis.

218 Ist's in der ersten Augustwoche heiß,
bleibt der Winter lange weiß.

219 Hundstage (24. Juli – 23. August) heiß –
Winter lang weiß.

220 Schöner Laurentiustag (10. August) –
trockener Herbst.

221 Wie das Wetter zu Kassian (13. August),
hält es noch viele Tage an.

222 Wie das Wetter am Himmelfahrtstag
(15. August),
so es noch 2 Wochen sein mag.

223 Wie sich an Bartholomäus (24. August)
das Wetter verhält,
so ist es auch im Herbst bestellt.

224 Bleibt St. Barthol im Regen steh'n,
ist ein guter Herbst vorauszuseh'n.

Im August sind die Nächte schon wieder deutlich länger als die Tage, so daß die Luft sich nachts bei sternenklarem Himmel stärker abkühlt und sich dabei Tau bildet. Sonnige Tage und klare Nächte mit Taubildung treten in Hochdruckgebieten auf. Da diese in der Regel nur langsam ziehen, bestimmen sie tagelang unser Wetter (Regeln 210, 211, 212). Am Ende der Hochdruckwetterlage bringt eine Wetterfront (Kaltfront) dagegen jenen Gebieten vielfach Gewitter, die sie am Nachmittag erreicht, d. h. in denen es morgens und vormittags noch sonnig und damit sehr warm war (Regel 213).

Nach einem überdurchschnittlich warmen August folgt aufgrund der 80jährigen Klimadatenreihe mit einer Wahrscheinlichkeit von 73 % ein zu milder Februar. Keine Aussage ist dagegen möglich, wenn der August zu kalt war; auch in bezug auf Sonnenscheindauer und Niederschlagsmenge ergab sich kein Zusammenhang (Regel 216).

Da für eine Überprüfung von Regel 217 Angaben über Eisdecke oder Eisdauer nicht zur Verfügung standen, wurde versuchsweise ein Zusammenhang mit der Zahl der Frosttage (Tagestiefsttemperatur unter 0 °C) im Winter untersucht. Ist der August überdurchschnittlich warm, so besteht eine 61-%-Wahrscheinlichkeit, daß im Folgewinter die Zahl der Frosttage, und eine 68-%-Wahrscheinlichkeit, daß die Zahl der Eistage sogar geringer ist als im Durchschnitt, d. h. der Versuch läßt keine Bestätigung zu.

Sofern aber in der ersten Augustwoche die mittlere tägliche Höchsttemperatur 25 °C oder mehr beträgt, folgt mit einer Wahrscheinlichkeit von 60 %, daß die Zahl der Tage mit einer Schneedecke von mehr als 1 cm im Folgewinter übernormal ausfallen wird (Regeln 218, 219).

Ein recht guter Zusammenhang ergibt sich zwischen einer Schönwetterperiode um den Laurentiustag (10. August) und der Witterung im Herbst. Ist die Sonnenscheindauer um den 10. August überdurchschnittlich, so fällt mit einer Wahrscheinlichkeit von 80 %, also in 4 von 5 Jahren, der nachfolgende Herbst (September, Oktober, November) zu trocken aus (Regel 220). Bei unterdurchschnittlicher Sonnenscheindauer um den Laurentiustag ist dagegen keine Aussage möglich (Verhältnis 50 % : 50 %). Auf die Erhaltungsneigung der Atmosphäre sind die Regeln 221 und 222 zurückzuführen. Ist die Sonnenscheindauer Mitte August unternormal, so bleibt sie in den nächsten beiden Wochen mit 62 % Wahrscheinlichkeit unternormal. Ist sie aber um den Himmelfahrtstag (15. August) übernormal, so bleibt das sonnige Wetter in 3 von 4 Fällen, also mit 75 % Wahrscheinlichkeit, auch in den beiden Folgewochen erhalten. Nach A. Schmauss (1945) ist die Ursache dafür in dem Zusammenbruch des europäischen Sommermonsuns Mitte August zu sehen. Diese Aussage wird belegt durch den Luftdruckanstieg, der nach Abb. 3 in der zweiten Augusthälfte erfolgt.

Führt der Spätsommer zur Zeit um Bartholomäus (24. August) zu überdurchschnittlich warmem Wetter, so ist mit einer Wahrscheinlichkeit von 64 % auch ein zu warmer Herbst zu erwarten. Allerdings besteht dabei ein recht schwacher Zusammenhang zum September (Verhältnis 55 % : 45 %), während Oktober und November in 2 von 3 Fällen wärmer als normal ausfallen (Regel 223). Keine Aussage läßt sich machen, wenn es um Bartholomäus zu kalt ist. Fällt ferner um Bartholomäus überdurchschnittlich viel Regen, so wird der Herbst mit 70 % Wahrscheinlichkeit zu trocken. Dabei ist kein Zusammenhang zum September festzustellen, während 4 von 5 Oktober und rund 2 von 3 November zu trocken ausfallen (Regel 224).

Die Witterung Ende August und Anfang September ist, wie bei der Regel zum Ägidientag (1. September) geschildert wird, eine gute Möglichkeit, um den Wettercharakter der nächsten Wochen abzuschätzen (Regel 215). Dabei ist die Aussage 40 Tage nicht wörtlich zu nehmen, sie soll lediglich einen längeren Zeitraum beschreiben.

## Septemberregeln

225 Ist der September lind,
wird der Winter ein Kind.
226 September warm – Oktober kalt.
227 Kühler September – kalter Oktober.
228 Schönes Wetter hat noch auf Wochen
des Ägidius Sonnenschein versprochen.
229 Gib auf Ägidien (1. September) wohl acht,
er sagt dir, was der Monat macht.
230 Zeigt sich klar Mauritius (22. September),
viel Sturm er bringen muß.
231 September schön in den ersten Tagen,
will den ganzen Herbst ansagen.
232 Ist Regine (7. September) warm und sonnig,
bleibt das Wetter lange wonnig.
233 Wie sich das Wetter an Maria Geburt
(8. September) verhält,
so ist's noch weitere 4 Wochen bestellt.
234 Ist Gorgon schön (9. September),
bleibt's noch 6 Wochen schön.
235 Wenn's an Portus (11. September)
nicht näßt,
ein dürrer Herbst sich sehen läßt.

236 Ist's hell am Kreuzerhöhungstag
(14. September),
so folgt ein strenger Winter nach.
237 Trocken wird das Frühjahr sein,
wenn St. Lambert (17. September)
klar und rein.
238 Wie's der Matthis (21. September) treibt,
es 4 Wochen bleibt.
239 Kommt der Michel (29. September)
heiter und schön,
wird's 4 Wochen so weitergeh'n.
240 Michel mit Nord und Ost,
kündet klirrenden Frost.
241 Regnet's sanft am Michaelistag
(29. September),
folgt ein sanfter Winter nach.
242 Wenn Michael durch die Pfützen geht,
ein milder Winter vor uns steht.
243 Regnet's am Michaelistag,
folgt ein milder Winter nach.
Wenn aber zu Michel der Wind kalt weht,
ein harter Winter zu erwarten steht.
244 Donnert's im September noch,
wird der Schnee um Weihnacht hoch.
bzw.
liegt im März der Schnee noch hoch.

Fällt der September überdurchschnittlich warm aus, so folgt in 3 von 4 Fällen ein insgesamt zu milder Winter (Regel 224). Dabei ist es vor allem der Februar, der in 85 % der Fälle normale (15 %) bis übernormale (70 %) Temperaturen aufweist, während ein milder Dezember bzw. Januar nur zu 55–60 % wahrscheinlich ist. Daß einem zu warmen September ein zu kalter Oktober folgt, läßt sich statistisch nicht bestätigen (Regel 226). Vielmehr ergibt sich als Folge der Erhaltungsneigung der Atmosphäre, daß mit einer Wahrscheinlichkeit von 62 % einem zu warmen September ein zu warmer Oktober und einem zu kalten September ein zu kalter Oktober folgt (Regel 227).

Einen guten Hinweis auf den Witterungscharakter des gesamten Septembers erlauben die Wetterverhältnisse um den Ägidientag. Einem zu kühlen Monatswechsel folgt in 2 von 3 Fällen ein zu kühler Gesamtmonat, einem zu warmen in 3 von 5 Fällen ein insgesamt zu warmer September. Entsprechendes gilt für den Niederschlag. Bei Regen zum Ägidientag wird der Monat mit 63 % Wahrscheinlichkeit zu naß; ist er aber trocken, so ist mit 80 % Wahrscheinlichkeit, also in 4 von 5 Jahren, eine unterdurchschnittliche Niederschlagsmenge für den Gesamtmonat zu erwarten (Regeln 228, 229).

Dieser Sachverhalt, wie auch der Inhalt der Regeln 231–234 erklärt sich aus dem mittleren Verhalten des Luftdrucks im September. Wie in Abb. 3 zu erkennen ist, besteht der September in der Regel aus zwei Hochdruck- und damit Schönwetterperioden. Nach relativ hohem Luftdruck zum Monatsbeginn folgt ein mit wechselhaftem Wetter verbundener Luftdruckrückgang. Erst nach der Monatsmitte steigt im Normalfall der Luftdruck erneut. Diese Schönwetterperiode gegen Ende September und Anfang Oktober ist unter dem Namen »Altweibersommer« bekannt. Es ist mit Sicherheit kein Zufall, daß das Münchener Oktoberfest bereits Ende September beginnt, also zur Zeit hoher Wahrscheinlichkeit für freundliches Wetter. Der Name Altweibersommer hängt mit den in dieser Jahreszeit auftretenden und gerade bei ruhigem Wetter gut zu beobachtenden Spinnenfäden zusammen. Nach der germanischen Mythologie wird an ihnen das Wirken der Schicksalsgöttinnen, der Nornen, sichtbar, die die Lebensfäden der Menschen spinnen. Daher heißt es in Holstein auch heute noch: die Metten (Messenden) haben gesponnen.

In Jahren, in denen somit die erste Schönwetterperiode zum Septemberanfang nicht ausbleibt, wird folglich mit dem mit hoher Wahrscheinlichkeit eintretenden Altweibersommer ein überwiegend freundlicher September zu erwarten sein. In Süddeutschland bzw. im gesamten Alpengebiet kann sich der Altweibersommer bis weit in den Oktober (goldener Oktober) halten. Während sich dann dort das Azorenhoch noch auswirkt, kommt es im nördlichen Deutschland häufig im Zustrom feuchter Luft schon zur Bildung ausgedehnter Nebel- und Hochnebelfelder (Stratus). So gelten die Regeln 233 und 234 vor allem im Alpenraum. Im Norden zeigt sich, daß bei unternormaler Sonnenscheindauer um Maria Geburt die 4 Folgewochen mit 75 % Wahrscheinlichkeit eine unterdurchschnittliche Sonnenscheindauer aufweisen.

Regnet es nicht um den Petrustag (11. September), so läßt sich zwar nichts über die Herbstmonate insgesamt aussagen, doch fällt in diesen Fällen der September in 3 von 4 Jahren zu trocken aus (Regel 235). Erklären läßt sich diese Beobachtung aus dem Ausbleiben bzw. einer nur schwachen Entwicklung der Tiefdruckphase Mitte September.

Einem übernormal sonnigen Kreuzerhöhungstag (14. September) folgt mit einer Wahrscheinlichkeit von rund 60 % ein Winter, in dem im Januar und Februar die Zahl der Tage mit Frost überdurchschnittlich hoch ist (Regel 236).

Ist es um St. Lambert (17. September) sehr sonnig, so ist mit 67 % Wahrscheinlichkeit ein insgesamt zu trockenes Frühjahr zu erwarten. Dagegen folgt ein zu nasses Frühjahr, wenn um St. Lambert die Sonnenscheindauer unterdurchschnittlich ausfällt, und zwar ebenfalls in 2 von 3 Jahren (Regel 237).

Die Regel zum Matthiastag (21. September) basiert auf der Erhaltungsneigung des Wetters (Regel 238). Ist er zu kalt, so sind mit 67 % Wahrscheinlichkeit die folgenden 4 Wochen ebenfalls zu kalt, ist er aber zu warm, so führt die hohe Erhaltungsneigung des Altweibersommers dazu, daß mit einer Wahrscheinlichkeit von 80 %, also in 4 von 5 Jahren, auch die 4 Folgewochen insgesamt zu warm werden. Entsprechendes gilt für den Niederschlag. Einem Mathiastag ohne Regen folgen mit rund 80 % Wahrscheinlichkeit 4 Wochen mit unternormalem Niederschlag. Sind 0,1 mm/m$^2$ oder mehr gefallen, werden die Folgewochen mit 64 % Wahrscheinlichkeit zu feucht; sind sogar 1 1/m$^2$ oder mehr gefallen, so werden die 4 Folgewochen mit 100 % Wahrscheinlichkeit, also in allen Fällen, zu naß.

Nach dem 20. September besteht, wie bereits gesagt, die große Wahrscheinlichkeit für den Altweibersommer. Diesem Sachverhalt trägt auch Regel 239 Rechnung. Ist es um St. Michael (29. September) zu warm, so fällt mit 65 % Wahrscheinlichkeit der Oktober insgesamt zu warm aus. Ist es zu warm und gleichzeitig sehr sonnig, so wird die bereits getroffene Aussage erhärtet, daß im nördlichen Deutschland der Oktober mit 90 % Wahrscheinlichkeit zwar warm, aber wolkenreich ausfällt. Auch wenn im Alpenraum dann schon kalte Nächte zu erwarten sind, scheint doch tagsüber mit recht hoher Wahrscheinlichkeit die Sonne (Regel 240).

Über die nächsten Wochen hinaus soll das Wetter am Michaelistag noch Aufschluß über den kommenden Winter geben. Regnet es zum Septemberende, so folgt in der Tat mit 65 % Wahrscheinlichkeit ein insgesamt zu milder Winter (Regel 243).

Berücksichtigt man nur die »sanften« Regen (Regeln 241, 242, 243), indem man die Tage mit mehr als 10 l Regen pro Quadratmeter ausschließt, so erhöht sich die Wahrscheinlichkeit für einen milden Winter auf stattliche 85 %. Jeder Wintermonat für sich fällt in 3 von 5 Fällen zu mild aus. Kein Zusammenhang konnte zwischen einem kalten Michaelistag und einem harten Winter gefunden werden. Das gleiche gilt für Septembergewitter und die Schneehöhe zu Weihnachten bzw. im März (Regel 244).

## Oktoberregeln

245 Oktober kalt (rauh) – Januar warm (flau).
246 Warmer Oktober bringt führwahr,
stets einen kalten Januar (Februar).
247 Wenn lind der Oktober war,
folgt ein harter Februar.
248 Ist der Oktober warm und fein,
kommt ein scharfer Winter drein,
ist er aber naß und kühl,
mild der Winter werden will.
249 Bringt der Oktober schon Schnee und Eis,
ist's schwerlich im Januar kalt und weiß.
250 Schneit's im Oktober gleich,
dann wird der Winter weich.
251 Oktober und März
gleichen sich allerwärts.
252 Ist der Oktober freundlich und mild,
ist der März dafür rauh und wild.
253 Viel Nebel im Oktober –
viel Schnee im Winter.

254 Oktoberhimmel voller Sterne
haben warme Öfen gerne.
255 Wie im Oktober die Regen hausen,
so im Dezember die Winde sausen.
256 Gießt's an St. Gallus (16. Oktober) wie ein Faß,
wird der nächste Sommer naß.
257 Einem trockenen Gallustag
ein trockener Sommer folgen mag.
258 Ist St. Gallus trocken,
folgt ein Sommer mit nassen Socken.
259 Ist St. Lukas (18. Oktober) fein und warm,
folgt ein Winter, daß Gott erbarm.
260 Bringt der Oktober noch Gewitter,
wird der Winter meist ein Zwitter.

Eine besondere Bedeutung für den Witterungscharakter des Hochwinters kommt offensichtlich der Ausgangswetterlage im Oktober zu. Dabei hat schon F. Baur gezeigt, daß der Oktober nur unter Beachtung bestimmter Kriterien einen Zusammenhang mit den Wintermonaten aufweist. Ist der Oktober um mindestens 1,5 °C zu kalt, so wird nach der Berliner Meßreihe der Januar mit einer Wahrscheinlichkeit von 65 %, der Februar mit einer von rund 75 % wärmer als normal ausfallen (Regeln 245, 248).

Geht man bei der Untersuchung der Regeln 246, 247, 248 nur von einem zu warmen Oktober aus, folgt kein Zusammenhang mit dem folgenden Januar. Anders liegen die Verhältnisse, wenn gleichzeitig beachtet wird, ob der Monat zu trocken ist. Ist der Oktober um mindestens 1,5 °C zu warm und ist er gleichzeitig hinsichtlich des Niederschlags normal oder zu trocken, dann ist mit einer Wahrscheinlichkeit von 90 % ein strenger Januar und mit 65 %

Wahrscheinlichkeit ein zu kalter Februar zu erwarten (Regeln 246, 247, 248). Auch für Süddeutschland ließ sich diese Aussage bestätigen. Wie läßt sich dieses erstaunliche Ergebnis erklären? Ein trocken-warmer Oktober setzt einen vorherrschend hohen Luftdruck voraus. Diese Hochdruckwetterlage wird gesteuert von den Strömungsverhältnissen der Luft in der Höhe zwischen 5 und 10 km. Offensichtlich weisen diese unter bestimmten Voraussetzungen einen Rhythmus auf, der zu der gleichen Strömungsanordnung wieder im Januar führt. Im Winter aber sind Hochdruckwetterlagen mit Kälte, wenn Schnee liegt, sogar mit strenger Kälte verbunden.

Der Oktober 1990 war trocken und überdurchschnittlich warm, so daß ein kalter Januar 1991 zu erwarten war. Der Kälteeinbruch kam jedoch im Januar so spät, daß die Januartemperatur wärmer als normal ausfiel. Statt dessen wurde der Februar deutlich zu kalt. Dieser Vorgang zeigt, daß sich die Wetterabläufe in unserer Atmosphäre nicht streng auf Kalendermonate beziehen lassen. Derartige Verschiebungen waren aber auch unseren Vorfahren nicht unbekannt geblieben, denn die Regel taucht vereinzelt auch mit Februar als Bezugsmonat auf (Regel 246).

In diesem Zusammenhang sei noch ein Sachverhalt erwähnt, der uns bei der Vorhersage des Winters 1990 vor ein zunächst unlösbares Problem stellte. So war der September 1989 deutlich zu »lind«, was nach Regel 225 einen milden Winter zur Folge hat. Der Oktober aber war ebenfalls zu warm und außerdem zu trocken, so daß ein strenger Januar bzw. Februar folgen sollte. Die Untersuchung aller vergleichbaren Fälle in den letzten 100 Jahren zeigte, daß stets die Septemberregel die dominierende war, d. h. in allen Fällen wurde der Folgewinter insgesamt zu mild. Jedoch waren dabei nicht immer alle 3 Wintermonate zu mild. Die größte Wahrscheinlichkeit für eine intensive, aber meist kürzere Kälteperiode entfiel auf den Januar, woran man erkennt, daß der Aussage der Oktoberregel trotzdem noch eine gewisse Bedeutung zukommt.

Auch die Regeln 249 und 250 bringen die inversen Temperaturverhältnisse zwischen Oktober und dem folgenden Januar zum Ausdruck. Schneefall im Oktober ist (im Berliner Raum) sehr selten. Wenn es aber schneit, dann ist mit 83 % Wahrscheinlichkeit die Zahl der Tage mit Schneefall im Januar unterdurchschnittlich. Sogar mit 100 % Wahrscheinlichkeit ist danach ein zu milder Winter zu erwarten.

Ein gewisser Zusammenhang besteht auch zwischen der Oktober- und der Märzwitterung (Regeln 251, 252). Hinsichtlich der Temperatur sind mit knapp 60 % Wahrscheinlichkeit im folgenden März ebenfalls unter- bzw. überdurchschnittliche Verhältnisse anzutreffen. In bezug auf den Niederschlag ist nach einem zu nassen Oktober ein zu trockener März etwa 2,5mal wahrscheinlicher als ein regenreicher.

Ist die Zahl der Nebeltage im Oktober überdurchschnittlich groß, so zeigt sich, daß mit 60 % Wahrscheinlichkeit die Zahl der Wintertage, an denen eine Schneedecke liegt, ebenfalls übernormal hoch ist (Regel 253).

Ein klarer nächtlicher Himmel im Oktober zeigt an, daß die Lufttemperatur nach Sonnenuntergang stark absinken und vielfach zu Reifbildung führen kann, vor allem wenn der Wind nur schwach weht (Regel 254).

Kein Zusammenhang läßt sich feststellen zwischen Niederschlagsmenge im Oktober und den Tagen mit starkem Wind (ab 6 Windstärken) im Dezember; auch die Zahl der Regentage im Oktober als Ausgangsgröße führt zu keinem Ergebnis (Regel 255).

Mehrere Bauernregeln beziehen sich auf den St. Gallustag (16. Oktober), wobei die Aussagen widersprüchlich sind. Ist es zu St. Gallus trocken, kann der nächste Sommer trocken (Regel 257) oder naß (Regel 258) werden. Die Beobachtungsdaten der vergangenen 80 Jahre zeigen mit 57 % Wahrscheinlichkeit eine nur leichte Tendenz für einen zu nassen Sommer im Berliner Raum. In anderen Gebieten kann es daher durchaus umgekehrt sein, doch dürfte auch dort die Aussagekraft der Regel nicht sehr groß sein. Bei heftigen Niederschlägen von 10 l/m$^2$ oder mehr an St. Gallus, die allerdings nicht sehr häufig sind, folgt mit 60 % Wahrscheinlichkeit ein zu nasser Sommer (Regel 256).

Nicht bestätigen läßt sich die Regel zum St. Lukastag in der angegebenen Form. Es erscheint denkbar, daß die Regel 259 in verkürzter Form den Zusammenhang widerspiegelt, daß einem zu warmen und trockenen Oktober ein strenger Hochwinter folgt (Regeln 246, 247, 248). Dafür spricht, daß in 89 % der Fälle, in denen der Januar sehr kalt war (unter – 4 °C) der St. Lukastag überdurchschnittlich warm war. Aber da nach einem zu warmen St. Lukastag in vielen Fällen auch ein milder Januar/Winter folgt, ist es sinnvoll, die umfassenderen Regeln 246, 247, 248 für eine Vorhersage heranzuziehen.

Wie Abb. 2 veranschaulicht, geht der Temperaturabfall vom Oktober zum November rasch weiter. Gewitter zeigen aber an, daß es auch noch zu ausgeprägten Warmluftvorstößen kommt (Regel 260). Da sich dieser Wechsel von Kalt- und Warmluft aufgrund der Erhaltungsneigung des Wetters häufig fortsetzt, wird zumindest der erste Winterabschnitt und damit u. U. der gesamte Winter ein Zwitter.

## Novemberregeln

261 Wenn im November
die Sterne stark leuchten,
so bedeutet das Kälte.
262 Friert im November zeitig das Wasser,
wird's im Januar um so nasser.
263 Allerheiligen (1. November)
bringt den Nachsommer.
264 Schnee am Allerheiligentag
gar nicht lang liegen mag.
265 Wenn der Winter vor Allerheiligen
nicht kommt,
kommt er nicht vor Martini (11. November).
266 Wenn an Martini (11. November)
Nebel sind,
wird der Winter meist gelind.
267 Ist Martini trüb und feucht,
wird gewiß der Winter leicht.
268 Martini trüb – Winter lieb.
269 An Martini Sonnenschein
tritt ein kalter Winter ein.
270 Ist Martini klar und rein,
bricht der Winter bald herein.
271 Hat Martini einen weißen Bart,
wird der Winter lang und hart.
272 Wenn die Martinigänse auf dem Eise geh'n,
muß das Christkind im Schmutze steh'n.
273 Wie der Tag zu St. Kathrein (25. November)
wird der nächste Februar (Januar) sein.
274 bzw. wird es auch an Neujahr sein.

275 Wie der November so der folgende Mai.
276 Viel Nebel im Herbst (September, Oktober und November),
viel Schnee im Winter.
277 Ist der November kalt und klar,
wird trüb und mild der Januar.

Mit den kürzer werdenden Tagen und den länger werdenden Nächten, d. h. dem abnehmenden Sonnenstand, verschiebt sich die Relation von tagsüber zugestrahlter Sonnenenergie zum nächtlichen Wärmeverlust immer mehr. Insbesondere in klaren Nächten, wenn keine Wolken den Ausstrahlungsverlusten der Erdoberfläche entgegenwirken, kann die Temperatur stark zurückgehen und im November schon zu kräftigem Frost führen (Regel 261).

Ist die Anzahl der Frosttage, also der Tage mit Nachtfrost, zwischen dem 1. und 10. November überdurchschnittlich hoch, so ist im folgenden Januar mit 75 % Wahrscheinlichkeit die Zahl der Regentage übernormal groß bzw. die Zahl der Schneefalltage unterdurchschnittlich gering (Regel 262).

In Abb. 3 zeigt der mittlere Luftdruckverlauf eine Hochdrucksituation gegen Ende Oktober. Sie kann, vor allem im Alpenraum, auch zu Allerheiligen tagsüber noch zu freundlichem Wetter führen (Regel 263). Sollte jedoch schon unbeständiges Wetter mit Schneefall herrschen, was nach dem Luftdruckverlauf normalerweise erst nach Martini (11. November) der Fall ist, so führt der Wechsel von kälterer und wärmerer Luft bald wieder zu Tauwetter (Regeln 264, 265). Dagegen hat der um die Monatsmitte gefallene Schnee infolge der nachfolgenden Hochdrucksituation durchaus die Chance, etwas länger liegen zu bleiben.

Zahlreiche Regeln basieren auf dem Wetter zum St. Martinstag (11. November). Praktisch die gleiche inhaltliche Aussage enthalten die Regeln 266, 267, 268. Tritt um Martini Nebel, also feucht-trübes Wetter auf, so ist mit 65 %, bei einem um 10 Tage verschobenen Lostag sogar mit 75 % Wahrscheinlichkeit ein insgesamt zu milder Winter zu erwarten. Kein Zusammenhang findet sich dagegen zwischen einem sonnigen Martinstag bzw. dem Auftreten von Reif und einem strengen Winter (Regeln 269, 270, 271). Es ist denkbar, daß mit den Worten »bald« und »lang« gemeint war, daß kalte novemberliche Hochdrucklagen bereits einen Vorwinter darstellen und auf diese Art die winterliche Kälteperiode durch einen frühen Beginn in die Länge gezogen wird.

Am St. Martinstag zugefrorene Seen sind in Mitteleuropa selten, so daß keine Aussage über einen Zusammenhang mit dem Weihnachtswetter möglich ist (Regel 272). Interessant sind aber einige Angaben zum Weihnachtswetter. Nur in 25 % der Fälle ist es an den Weihnachtstagen trocken; in 75 % tritt Niederschlag auf, der nur zu einem Drittel als Schnee fällt. Weiße Weihnachten, die sich vielen im Gedächtnis einprägt haben, sind also, zumindest im Flachland, eher die Ausnahme als die Regel.

Ist es um St. Kathrein (25. November) trocken, so folgt mit über 80 % Wahrscheinlichkeit ein zu trockener Februar, ist es dagegen regnerisch, weist auch der Februar eine Tendenz (60 %) zu übernormalen Niederschlagsbeträgen auf. Ein entsprechender Zusammenhang ergibt sich in bezug auf die Sonnenscheindauer. Nicht bestätigen ließen sich dagegen Aussagen für den Januar bzw. den Neujahrstag (Regeln 273, 274). Auch ein Zusammenhang zwischen der November- und Maiwitterung (Regel 275) sowie zwischen der Nebelhäufigkeit im Herbst und den Tagen mit einer Schneedecke bzw. der maximalen Schneehöhe im Winter läßt sich im Berliner Raum nicht finden (Regel 276). Dagegen folgt nach einem kalten November mit unterdurchschnittlicher Bewölkung in 7 von 10 Fällen ein milder und wolkenreicher Januar nach (Regel 277).

## Dezemberregeln

278  Wie der Dezember, so der Lenz.
279  So kalt wie im Dezember,
     so heißt wird's im Juni.
280  Wie der Dezember pfeift,
     so tanzt der Juni.
281  Fällt auf Eligius (1. Dezember)
     ein kalter Wintertag,
     die Kälte noch 4 Wochen dauern mag.
282  Regnet's am Bibianatag (2. Dezember),
     regnet's 40 Tage und 1 Woche danach.
283  Geht Barbara (4. Dezember) im Grünen,
     kommt's Christkind im Schnee.

284 Ist's an Weihnachten (25./26. Dezember) kalt,
ist kurz der Winter,
das Frühjahr kommt bald.
285 Wenn's auf Weihnacht ist gelind,
sich noch viel Kält' einfind.
286 Trockener Dezember – trockenes Frühjahr.
287 Dezember veränderlich und lind,
der ganze Winter wird ein Kind.
288 Entsteigt Rauch gefrorenen Flüssen,
ist auf lange Kält' zu schließen.

Fällt der Dezember zu warm aus, so ist mit 67 % Wahrscheinlichkeit auch ein zu warmes Frühjahr (März, April, Mai) zu erwarten. Umgekehrt folgt in 3 von 5 Fällen ein zu kalter Lenz, wenn der Dezember zu kalt war (Regel 278).

Auch zwischen den Temperaturverhältnissen von Dezember und Juni besteht ein gewisser Zusammenhang. Werden nämlich nur die Jahre betrachtet, in denen die Mitteltemperatur im Dezember unter 0 °C lag, so folgte in 65 % der Fälle ein überdurchschnittlich warmer Juni (Regeln 279, 280).

Eine analoge Betrachtung ist zum Verständnis der Eligius-Regel (1. Dezember) anzustellen. Liegt die mittlere Temperatur zu bzw. um Eligius unter dem Gefrierpunkt (»kalter Wintertag«), so fällt der Dezember insgesamt mit 70 % Wahrscheinlichkeit zu kalt aus (Regel 281). Die Ursache dafür ist in der Erhaltungsneigung der Großwetterlage zu sehen. Jedoch muß eine Kältewelle Anfang Dezember keinesfalls volle 4 Wochen andauern, um den Monat insgesamt zu kalt ausfallen zu lassen.

Nicht bestätigen läßt sich die Regel vom Bibianatag (2. Dezember). Ob es Anfang Dezember regnet oder nicht, in beiden Fällen folgen im Dezember wie im Januar gleichviel Regentage (Regel 282).

Wenn um dem Barbaratag (4. Dezember) kein Schnee liegt, so liegt mit 57 % Wahrscheinlichkeit im nördlichen Deutschland auch zum Christfest kein Schnee. Ist aber Anfang Dezember bereits eine Schneeauflage vorhanden, so ist mit 70 % Wahrscheinlichkeit an mindestens einem Tag vom 24.–26. Dezember mit einer Schneedecke zu rechnen (Regel 283).

Ist es zum Weihnachtsfest zu kalt, so folgt mit gut 60 % Wahrscheinlichkeit ein zu milder Februar, also ein relativ milder und damit früher Winterausklang (Regel 284). Mildem Weihnachtswetter folgt dagegen mit einer Wahrscheinlichkeit von 60 % eher ein zu milder als ein insgesamt zu kalter Januar/Februar nach. Der Inhalt der Regel 285 dürfte daher die Erfahrung widerspiegeln, daß einzelne Kältewellen aus Osten im Januar und Februar Mitteleuropa erreichen. Milde ozeanische Luft zur Weihnachtszeit ist daher, wie schon die Erfahrung unserer Vorfahren lehrt, noch keine Garantie für ein Ausbleiben von Kälteperioden im Hoch- und Spätwinter.

Nach einem trockenen Dezember fallen mit 70 % Wahrscheinlichkeit mindestens 2 der 3 Frühlingsmonate zu trocken aus (Regel 286). Die Regel 287 ist eine erste Aussageform der Dreikönigstagsregel (Regel 136). Da gerade Anfang Januar vielfach die winterentscheidenden Kälteeinbrüche auftreten, erscheint es ratsam, bis zum Dreikönigstag (6. Januar) zu warten, bevor man eine Prognose über den weiteren Winterverlauf macht. Zugefrorene Flüsse oder Seen zeigen dagegen an, daß der Kälteeinbruch schon stattgefunden hat, wobei die an den offenen Wasserstellen aufsteigenden Dampfnebelschwaden die sehr niedrigen Lufttemperaturen anzeigen. Da eine derartige Wettersituation eine große Erhaltungsneigung hat, ist, unter Berücksichtigung der Tatsache, daß sie bereits längere Zeit existiert, die Aussage von Regel 288 als richtig anzusehen.

# 5 Tier- und Pflanzenregeln

Eine Vielzahl von Bauernregeln befaßt sich damit, aus dem Verhalten von Tieren und Pflanzen Folgerungen über die weitere Wetterentwicklung zu ziehen. Dabei werden Aussagen gemacht sowohl über unmittelbar bevorstehende Wettererscheinungen als auch über die Witterung der nächsten Wochen und Monate.

Ein Wetterwissenschaftler tut sich schwer, diese Regeln im einzelnen zu beurteilen. Vor allem fehlen ihm die erforderlichen vieljährigen regelmäßigen Aufzeichnungen aus dem Tier- und Pflanzenbereich, um die wetterbezogenen Regeln auf ihren Aussagegehalt zu überprüfen und um Angaben zu machen, mit welcher Eintreffwahrscheinlichkeit zu rechnen ist. Eine solche Untersuchung muß einer Zusammenarbeit mit einem Biologen vorbehalten bleiben.

Anhand der aufgeführten Regeln soll jedoch versucht werden, einige grundsätzliche Bemerkungen zu machen, aufgrund welcher Umstände das Verhalten von Tieren und Pflanzen auf das Wetter hindeuten könnte. Auch sei es dem Leser vorbehalten, durch intensives Beobachten sich eine Meinung über die komplexen Zusammenhänge zwischen dem Verhalten von Tieren und Pflanzen und dem künftigen Wettergeschehen zu machen.

## Tierverhalten und Wetter

289 Siehst du die Schwalben niedrig fliegen,
wirst du Regenwetter kriegen.
Fliegen die Schwalben in den Höh'n,
kommt ein Wetter, das ist schön.

290 Wenn die Fische im Wasser emporspringen,
gibt's Regenwetter.

291 Wenn die Möven zum Land fliegen,
werden wir Sturm kriegen.

292 Möven in't Land – Unwetter vor der Hand.

293 Sieht man die Zugvögel schon zeitig ziehen,
bedeutet's, daß sie vor der Kälte fliehen.

294 Kommen aus Norden die Vögel an,
will die Kälte uns schon nah'n.

295 Ziehen die wilden Gäns' und Enten fort,
ist der Winter bald am Ort.

296 Wenn die Mücken tanzen und spielen,
sie morgiges gut Wetter fühlen.

297 Wenn die Mücken im Schatten spielen,
werden wir bald Regen fühlen.

298 Wenn die Spinnen weben im Freien,
kann man sich lange
schönen Wetters freuen.

299 Reißt der Spinne ihr Netz entzwei,
kommt der Regen bald herbei.

300 Ist die Spinne träg zum Fangen,
Gewitter bald am Himmel hangen.

301 Wenn die Fledermäuse abends
herumfliegen,
folgt ein anhaltend schönes Wetter.

302 Kräht der Hahn auf dem Mist,
ändert sich das Wetter,
kräht er auf dem Hühnerhaus,
hält das Wetter die Woche aus.

(Wenn der Hahn kräht auf dem Mist,
ändert sich das Wetter oder es bleibt,
wie's ist.)
303 Wenn der Hahn die Stunde nicht halt,
ändert sich das Wetter bald.

Freilebende Tiere sind fest eingebungen in ihre natürliche Umwelt, sie sind ein Teil der Natur. Nicht zuletzt von ihrer Sensibilität gegenüber Bedrohungen allgemeiner Art und ihrer rechtzeitigen Reaktion auf solche Situationen hängt im Einzelfall ihr Leben, im übergeordneten Sinn ihre Arterhaltung ab. Das hochempfindliche Nervensystem spricht offensichtlich bei einigen Arten auch auf unmittelbar bevorstehende bedrohliche Wettersituationen an, so z. B. auf Kaltlufteinbrüche (Regeln 293, 294, 295) oder auf Sturm (Regeln 291, 292). Wahrgenommen könnten von ihnen werden: sehr kleine, schnelle Luftdruckschwankungen, plötzlich sich ändernde Strahlungsbedingungen, Feuchte- und Temperaturfluktuationen oder auch Änderungen im luftelektrischen Feld. Aus dem Bereich der Medizinmeteorologie ist bekannt, daß auch der Mensch auf derartige Einflüsse reagiert. Viele Menschen sind wetterfühlig, so daß bei ihnen körperliche und seelische Beschwerden, z. B. die Föhnbeschwerden, durch das Wetter ausgelöst werden. Beim Föhn wie bei den Warmlufteinbrüchen im Zusammenhang mit Tiefdruckgebieten treten die Beschwerden schon viele Stunden vor dem Wetterereignis auf.

Aber bei der Deutung der Wetterregeln sind auch viel einfachere Möglichkeiten in Betracht zu ziehen, vor allem wenn es um Wettersituationen geht, von denen keine Bedrohung für die Tiere ausgeht. Bei sonnigem Hochdruckwetter steigen von der erwärmten Erdoberfläche Luftblasen bis zu einigen Dekametern Durchmesser empor, vergleichbar mit den Dampfblasen in kochendem Wasser. In den aufsteigenden Luftblasen befinden sich Insekten, d. h. bei der Nahrungssuche müssen die Schwalben hoch fliegen. An Tagen mit nur geringer oder gedämpfter Sonneneinstrahlung ist dieser Prozeß hingegen nur schwach entwickelt, so daß die Insekten und damit die Schwalben näher der Erdoberfläche zu finden sind (Regeln 289, 290). Die meteorologische Bedeutung dieser Regeln ergibt sich daraus, daß vor allem Hochdruckwetterlagen, wenn sie sich erst einmal eingestellt haben, eine hohe Erhaltungsneigung besitzen und nur langsam ihren Einfluß auf das Wetter an einem Ort verlieren. Nach dem Abzug des Hochzentrums frischt dann der Wind schon vor dem heranziehenden Tief auf (Regeln 298, 299).

Eine besondere Bedeutung hat auch der Hahn. Als Wetterhahn ist er geradezu das Symbol für die bäuerliche Wettervorhersage geworden. Kennt man die Windrichtung, so sind, wie geschildert, schon eine

Reihe grundsätzlicher Schlußfolgerungen über die bevorstehende Wetterentwicklung möglich. Daß die Regel 302 gerade in ihrer verballhornten Form so häufig als Beispiel für die Unzuverlässigkeit von Bauernregeln zitiert wird, hängt offensichtlich mit der Unkenntnis über die ausgezeichnete Naturbeobachtung unserer Vorfahren und mit den mehr oder weniger häufigen Ausnahmen von der (Bauern-)Regel zusammen. So können Hahn und Hühner bei einer Regenwetterlage bevorzugt auf dem Misthaufen aktiv sein, weil dann in der oberen Schicht ein besseres »Nahrungsangebot« herrscht als bei Hochdrucksituationen, bei denen die oberen Schichten austrocknen und die Kleinlebewesen sich in den feuchten, tieferen Schichten aufhalten.

## Tier-/Pflanzenverhalten und Witterung

304  Wenn im Juli die Ameisen tragen,
wollen sie frühen Winter ansagen.
305  Bleiben Störche und Reiher
nach Bartholmä (24. August),
dann kommt ein Winter, der tut nicht weh.
306  Bleiben die Schwalben lange,
sei vor dem Winter nicht bange.
307  Halten die Zugvögel lang bei uns aus,
so ist auch's gut Wetter noch nicht aus.
308  Maria Geburt (8. September)
fliegen die Schwalben furt,
bleiben sie da, ist der Winter nicht nah.
309  Wenn die Vögel nicht ziehen vor Michaeli
(29. September) furt,
wird's nicht Winter vor Christi Geburt.

310 Sind die Maulwurfhügel hoch im Garten,
ist ein strenger Winter zu erwarten.
311 Wenn im Herbst viel Spinnen kriechen,
sie einen kalten Winter riechen.
312 Graben sich im Oktober
die Mäus tief in die Erden,
wird's ein strenger Winter werden,
aber viel strenger noch,
bauen die Ameisen hoch.
313 Je höher die Ameisenhügel,
desto straffer des Winters Zügel.
314 Hat der Hase ein dickes Fell,
wird der Winter ein harter Gesell.
315 Hocken die Hühner in den Ecken,
kommt bald Frost und Winters Schrecken.
316 Findest du die Birke ohne Saft,
kommt bald der Winter mit voller Kraft.
317 Fällt das Buchenlaub früh und schnell,
wird der Winter streng und hell.
318 Fällt das Laub sehr bald,
wird der Herbst nicht alt.
319 Hängt das Laub bis November hinein,
wird der Winter lange sein.
320 Wenn's Laub fällt, folgt große Kält.
321 Läßt der Baum das Laub nicht gern,
ist der Winter meilenfern.
322 Späte Rosen im Garten,
der Winter läßt warten.
323 Wenn's viel Bucheckern gibt,
gibt's einen harten Winter.
324 Hat die Eiche viel Eicheln,
wird der Winter streng uns streicheln.
325 Gibt's viele Eicheln im September,
fällt viel Schnee im Dezember.

326 Im September viel Schleh',
im Dezember viel Schnee.

Daß Tiere ein bevorstehendes Wetterereignis durch ihr hochempfindliches Nervensystem Stunden, vielleicht auch schon einen ganzen Tag vorher wahrnehmen können, ist wahrscheinlich. Wie aber soll man verstehen, daß Pflanzen und Tiere auf das Verhalten der Atmosphäre in den nächsten Wochen und Monaten hinweisen? Die Witterung in den nächsten Monaten in Mitteleuropa ist abhängig von der derzeitigen, also der Ausgangswetterlage; sie ist aber in hohem Maße abhängig von Vorgängen, die in anderen Teilen der Erde ablaufen. So spielen die Ansammlung von Kaltluft im Polargebiet, die Eisentwicklung am Nord- und Südpol, die Temperatur des Ozeanwassers, die Verteilung der Warmluft auf der Erde, der Einfluß der Sonnenaktivität (gemessen an der sog. Sonnenfleckenrelativzahl) und viele andere Größen rund um den Globus eine große Rolle, wie der nächste Sommer oder der nächste Winter wird. Dieses Zusammenspiel ist so komplex, daß auch die moderne Meteorologie auf viele Fragen noch keine Antwort weiß. Sollen Pflanzen und Tiere in der Lage sein, dieses Zusammenspiel zu entschlüsseln?

Die wahrscheinliche Antwort ist, daß Tiere und Pflanzen auf den vergangenen und derzeitigen Wetterzustand reagieren, und daß daraus wieder mit einer gewissen Wahrscheinlichkeit auf die Witterung der folgenden Wochen und Monate zu schließen ist, d. h. die Tier- und Pflanzenregeln sind nur eine Sonderform der atmosphärischen Wetter- und Witterungsregeln.

So sind z. B. die Regeln über das Verhalten der Zugvögel gut verständlich. Sie ziehen fort, wenn die ersten Kaltlufteinbrüche erfolgen. Kommen diese früh, kann der Winter lang werden, geschieht dieses spät, wird die Winterzeit kurz ausfallen. Eine Aussage davon abzuleiten, ob der Winter streng oder weniger streng wird, erscheint schwierig.

Auch bei Maulwürfen, Spinnen, Ameisen oder Hasen sind wetterseherische Eigenschaften auf Monate im voraus kaum vorstellbar. Zumindest von einer Maulwurffamilie weiß ich aus eigener Erfahrung, daß sie offensichtlich von der ihre Art betreffenden Bauernregel noch nichts gehört hat. Ihrem Fleiß nach zu urteilen, müßte es nur noch strenge Winter geben. Die Erklärung für ihre Aktivität dürfte daher eher in der Ungestörtheit des von ihnen heimgesuchten Feriengrundstücks liegen.

Entsprechendes gilt für das Verhalten der Pflanzen. Späte Rosen z. B. deuten auf einen langen Altweibersommer hin. Bedenkt man die Erhaltungsneigung des Wetters, ist der Winter in der Regel noch fern. In manchen Regeln kommt auch eine gewisse Periodizität zum Ausdruck. Diese ist zweifellos auch bei der Witterung vorhanden. So treten richtig strenge Winter in Mitteleuropa durchschnittlich nur in einem Abstand von rund 8 Jahren auf. Eine im Mittel 2,2jährige Periode läßt sich nicht nur bei meteorologischen Größen, sondern auch in der Tier- und Pflanzenwelt nachweisen. Auch die 11jährigen Schwankungen der Sonnenaktivität (Sonnenfleckenmaximum bzw. -mininum) sollten, wenn auch komplizierte, Auswirkungen auf Atmosphäre und belebte Natur haben.

Wie kompliziert die Untersuchungen und widersprüchlich die Ergebnisse sein können, sei an folgender Regel aufgezeigt:

327 Treibt die Esche vor der Eiche,
hält der Sommer große Bleiche.
Treibt die Eiche vor der Esche,
hält der Sommer große Wäsche.

Die Diskussion beginnt mit der Frage, um welche Eschenart es sich handelt. Einige Wissenschaftler sind der Meinung, die Eberesche sei gemeint, andere denken an die Edelesche, einem Ölbaumgewächs aus dem Süden. Die nächste Frage ist, ob mit dem Begriff »treibt« der Blühbeginn, also »blüht«, oder die Blattentfaltung, also »grünt« gemeint ist. Da die Eiche fast immer zur gleichen Zeit grünt, wird damit erklärt, daß ihre Wurzeln bis ins Grundwasser reichen und sie daher von den Frühjahrsniederschlägen ziemlich unabhängig ist. Die flachwurzelnde Esche ist dagegen niederschlagsabhängig. Fällt zu wenig Frühjahrsregen, verzögert sich ihre Blattentfaltung.

In ihrer Diplomarbeit haben Gerhorst et al. (1987) das Verhalten von Esche und Eiche im Raum Karlsruhe über 30 Jahre ausgewertet. Dabei blühte in 23 Jahren die Esche vor der Eiche. In 57 % der Fälle gab es einen trockenen Sommer. Bei den 6 Jahren, in denen die Eiche vor der Esche blühte, folgte nur in 1 Jahr (17 %) ein nasser Sommer. Wodurch dieser Widerspruch zur Aussage der Bauernregel zustande kommt, ist schwer zu sagen, selbst wenn man in Betracht zieht, daß ein 30jähriger Untersuchungszeitraum recht kurz ist.

Insgesamt bleibt festzustellen, daß mit größter Wahrscheinlichkeit Pflanzen und Tiere auf die bis zu einem Zeitpunkt abgelaufene Wetterentwicklung reagieren bzw. auf unmittelbar bevorstehende Wetterereignisse. So werden auch diese Regeln zu teils richtigen Aussagen und teils zu »Ausnahmen von der Regel« führen. Erst auf der Basis vieljähriger wissenschaftlicher Aufzeichnungen läßt sich aber eine Angabe über die Eintreffwahrscheinlichkeit machen, insbesondere darüber, inwieweit das Verhalten von Pflanzen und Tieren als ein Integral einer abgelaufenen Wetterentwicklung angesehen werden kann. Im Gegensatz zu den rein wetterbezogenen Witterungsregeln muß man jedoch davon ausgehen, daß das Verhalten von Tieren und Pflanzen von mehr als einem Einflußfaktor bestimmt wird, was zu einer sinkenden Eintreffwahrscheinlichkeit führt. Als Beispiele seien Störungen in der Nahrungskette der Tiere oder im Mineralhaushalt des Erdbodens genannt.

# 6 Ernteregeln

Im Mittelpunkt aller bäuerlichen Überlegungen stand die Ernte. Zur Erzielung hoher Ernteerträge setzte der Bauer seine ganze Kraft ein. Was in seiner Macht stand, wurde getan. Ohnmächtig war er jedoch dem Wetter gegenüber, denn Dürre, Nässe oder Hagelschlag konnten alle seine Anstrengungen zunichte machen. Angespannt verfolgte er von Monat zu Monat den Witterungsablauf, immer hoffend, daß sich gute Wachstumsbedingungen von der Saat bis zur Ernte einstellen. Denn was die Konsequenz großer Nässe oder extremer Dürre sind, zeigt die Agrarwissenschaft auf (A. Finck, 1985).

Ein zu nasses Frühjahr und ein zu nasser Frühsommer haben zur Folge, daß sich die Aussaat verspätet; eine verkürzte Wachstumszeit ist aber gleichbedeutend mit geringeren Erträgen. Dazu kommt, daß durch den vielen Regen die Bodennährstoffe ausgewaschen werden und die Pflanzenblätter infolge Sauerstoffarmut der Wurzeln vergilben, was die Wachstumsbedingungen weiter verschlechtert. Auch sind derartig geschwächte Pflanzen anfälliger gegen Krankheiten, z. B. Pilzbefall, und haben weniger gute Behauptungschancen gegenüber dem Unkraut. Ein zu nasser Hochsommer begünstigt ebenfalls den Pilzbefall. Regen- und Hagelschauer schlagen das Getreide nieder, es verfault und verschimmelt durch die Nässe. Der Graswuchs ist zwar in nassen Jahren sehr üppig, aber von nassen Wiesen ist schwer zu ernten. Das Heu ist schimmlig und ausgelaugt, so daß das Vieh hungert und anfällig gegen Krankheiten ist. Die Kartoffeln leiden in naß-warmen Sommern unter Kraut- und Knollenfäule. Zu der verringerten Ernte kommt noch eine schlechte Lagereigenschaft, so daß die Kartoffeln vorzeitig verrotten.

Aber auch zu große Trockenheit führt zu Erntekatastrophen. Eine Frühjahrsdürre hat eine schlechte Keimung und eine unzureichende Ernährung zur Folge, da die Pflanze die wasserlöslichen Nährstoffe aus dem Boden nicht in ausreichendem Maß aufnehmen kann. Sofern die Pflanzen nicht vertrocknen, gedeihen sie nur kümmerlich, so daß sie sich auch nur schwer gegen das meist besser wachsende Unkraut durchsetzen können. Zu trockene Jahre sind auch durch Insektenplagen gekennzeichnet, d. h. durch Fraß und die von ihnen übertragenen Krankheiten. Auch Sommerdürre läßt die Pflanzen dursten und hungern. Das Getreide trägt nur wenig Korn, die Weiden vertrocknen und werden braun. Das Vieh hungert und wird krankheitsanfällig.

Besonders schlimm wirkten sich früher die Kombination von Trockenheit und Nässe zur falschen Jahreszeit aus. Eine Folge von zu frühem Winter, d. h. fehlender Wintersaat, zu trockenem Frühjahr und zu nasser Erntezeit führte unausweichlich zu einer Erntekatastrophe.

Wie waren die Auswirkungen von Mißernten auf die Bevölkerung? Betrachten wir zuerst unsere heutige Zeit, so läßt sich feststellen, daß es selbst in Jahren mit schlechtem Witterungsverlauf infolge des hohen landwirtschaftlichen Standards keine Mißernten in Mitteleuropa mehr gibt. Aber in einer Zeit intensiven Welthandels spielen auch unterdurchschnittliche Ernten in einer Region für die Bevölkerung keine Rolle. Die betroffenen Bauern haben in solchen Jahren zwar finanzielle Einbußen zu beklagen, doch halten sich deren Auswirkungen in Grenzen.

Ganz anders war die Situation früher. Erntekatastrophen machten den reichsten Bauern arm und hatten lebensbedrohliche Auswirkungen für die Bevölkerung, so wie es in Teilen unserer Erde, z. B. der Sahelzone in Afrika, heute noch ist. Mißernten bedeuten, daß zum einen die angebotenen Produkte von minderwertiger Qualität waren, d. h. das Korn war angeschimmelt, Kartoffeln und Gemüse waren angefault und die Fleischqualität der halbverhungerten Kühe und Schweine war schlecht. Zum anderen führte die Verknappung zu Teuerungsraten bis zu einigen hundert Prozent. In solchen Zeiten wurden die Reichen arm, und die Armen starben vor Hunger.

Hunger bedeutete aber nicht nur Unterernährung, sondern Eiweiß-, Vitamin- und Mineralstoffmangel, bedeutete auch den Verzehr teilverdorbener Nahrung. Alle Faktoren zusammen führten zu einer erheblichen Schwächung des Abwehrsystems des Körpers gegen Krankheiten, so daß sich Seuchen wie Pestilenz, Typhus und Cholera ausbreiten konnten, die oft mehr Menschen töteten als der Hunger selbst. Gemäß dem Satz »ein hungernder Mann ist ein zorniger Mann« führten Hungersnöte auch zu Unruhen, zu Plünderungen, zu Mord und Totschlag.

Nach diesem Rückblick erscheint es nur zu verständlich, daß ein großer Teil von Bauernregeln sich mit der Ernte beschäftigt. Jeder Monat wurde daraufhin überprüft, wie gut die Wachstumsbedingungen waren. Am Ende eines jeden wettermäßig günstig abgelaufenen Monats stand die Hoffnung, daß die Folgemonate ebenso günstig sein möchten.

Nach den bisherigen grundsätzlichen Ausführungen über die schlimmen Folgen von Mißernten erscheint es zweckmäßig, den Wachstumsprozeß des Getreides von der Aussaat bis zur Ernte detaillierter zu betrachten. In diesem Zusammenhang sprechen die bäuerlichen Ernteregeln eine beredte Sprache.

Der Ernteertrag einer Pflanze ist zwar grundsätzlich von seinen genetischen Faktoren, also den Erbanlagen, bestimmt, doch können diese nur dann voll zur Geltung kommen, wenn die Bodenqualität einerseits und das Klima bzw. die jeweiligen Witterungsverhältnisse andererseits optimale Wachstumsbedingungen schaffen. Störungen durch ungünstige Witterung zu einem ungünstigen Zeitpunkt im Entwicklungsprozeß haben ihre nachhaltigen Folgen bei der gesamten Weiterentwicklung der Pflanze und werden durch den reduzierten Ernteertrag deutlich spürbar.

Die Entwicklung des Getreides läßt sich in folgenden Stufen nach der Aussaat einteilen:

1. Keimung
2. Aufgang (Jugendentwicklung)
3. Bestockung
4. Schossen (Streckenwachstum)
5. Ährenschieben und Blüte
6. Kornbildung und Reife.

Während in den Stufen 1 und 2 die Massezunahme der Pflanze gering ist, erfolgt in den Stadien 3 bis 5 das Hauptwachstum.

Ein wichtiger Vorgang für den späteren Ertrag ist die Bestockung. Darunter versteht man die Seitentriebbildung, d. h. die Festlegung der Ährenzahl pro Saatkorn. Da zur gleichen Zeit die Kronenwurzeln der Pflanzen gebildet werden, führen ideale Witterungsbedingungen während der Bestockungszeit dazu, daß das Wurzelsystem im richtigen Verhältnis zur Bestockung steht. Nur dann vermag es die Pflanze ausreichend zu ernähren. Daher werden bei schwacher Bestockung von nur 1–2 Trieben die Halme kräftiger und die Erträge größer ausfallen als bei zu dichter Bestockung.

Während des Streckenwachstums des Halmes erfolgt die Bildung der Einzelblüten. Mit dem Ährenschieben und der Blüte wird schließlich das Längenwachstum der Halme abgeschlossen.

In der letzten Entwicklungsstufe des Getreides, dem Reifestadium, laufen folgende Prozesse ab: Körnerwachstum, Milchreife, Gelbreife und Vollreife. Jede der Entwicklungsphasen stellt also ihre speziellen Anforderungen an die Temperatur-, Niederschlags- und Sonnenscheinverhältnisse. Beim Roggen als Fremdbefruchter kann der Ernteertrag auch noch während der Blüte dadurch negativ beeinflußt werden, daß durch feucht-kühle Witterung der Pollenflug verzögert oder reduziert wird.

Wenden wir uns nach diesen Vorbetrachtungen nun den jahreszeitlichen Ernteregeln zu, wobei der Beginn mit dem Herbst, also der Vorbereitung auf die nächste Ernte, gemacht werden soll.

## Herbst

328 Nie hat der September zu braten vermocht,
was ein ungünstiger August
nicht hat gekocht.

329 Wenn St. Ägidius (1. September)
bläst ins Horn,
so heißt es: Bauer sä' dein Korn.

330 Septemberregen ist für Saat
und Vieh gelegen.

331 Septemberregen – dem Bauern Segen,
dem Winter Gift, wenn er ihn trifft.

332 Ist der September reich an Regen,
gereicht das Naß der Saat zum Segen.

333 Regen Ende Oktober
verkündet ein gutes Jahr.

334 Bringt der Oktober viel Regen,
ist's für die Felder ein Segen.

335 Wer um St. Lukas (18. Oktober)
Roggen streut,
es nicht bei nächster Ernt' bereut.

336 St. Gall (16. Oktober) treibt die Kuh
in den Stall.

337 Am St. Gallustag muß jeder Apfel
in den Sack.

338 Bringt November Morgenrot,
der Aussaat dann viel Schaden droht.

339 November hell und klar
ist übel für's nächste Jahr.
Doch November warm und klar
wenig Sorgen im nächsten Jahr.

Im August muß die Ernte eingefahren sein, denn die Kraft der Septembersonne reicht für einen günstigen Reifeprozeß nicht mehr aus. Vielmehr ist jetzt die

Zeit gekommen, um die Aussaat des Wintergetreides und damit die erste Phase der nächstjährigen Ernte in Angriff zu nehmen.

Nach Frankenberg (1984) fallen Feldbestellung, Keimung und Aufgang der Saat für Winterroggen in die Monate September/Oktober und für Winterweizen in den Oktober; Voraussetzung für die Keimung ist eine hinreichende Erdbodenfeuchtigkeit zur Wasseraufnahme.

Kälte im November bringt häufig Kahlfrost. Da dieser in den durch keine Schneedecke geschützten Erdboden eindringen kann, schadet er der jungen Aussaat. Die Morgenröte ist dabei als Indiz für die wolkenarme Nacht gemeint, in der die Temperatur stark zurückgehen kann.

Wie rasch der Temperaturrückgang in den Herbstmonaten erfolgt, veranschaulichen die durchschnittlichen Mittagstemperaturen. Erreichen sie im September noch im allgemeinen 20 °C, so sind es im Oktober nur noch rund 13 °C und im November nur noch 6 °C. Als mittlere Tiefsttemperaturen in den Nachtstunden vor Sonnenaufgang ergeben sich 9 °C im September, 5 °C im Oktober und Werte nahe 0 °C im November. Je nach Windrichtung (Abb. 6, 7) können die Werte darüber, aber auch darunter liegen.

## Winter

340 Dezember kalt mit Schnee,
gibt Korn in jeder Höh'.
341 Bringt Dezember Kält' und Schnee ins Land,
dann wächst das Korn gut selbst auf Sand.
342 Weihnachten frostig, sonnig, klar,
bringt ein günstig Wetterjahr.

343 Dezember warm, daß Gott erbarm.
344 Dezember mild mit viel Regen,
ist für die Saat kein großer Segen.
345 Christtag feucht und naß,
gibt leere Speicher und Faß.
346 Je frostiger der Januar,
desto freundlicher das ganze Jahr.
347 Januar hart und rauh,
nutzt dem Getreidebau.
348 Januar muß vor Kälte knacken,
wenn die Ernte gut soll sacken.
349 Januar kalt – das gefallt.
350 Regen im Januar
bringt die Saat in Gefahr.
351 Ein Jahr, das fängt mit Regen an,
bringt nicht viel Gutes auf den Plan.
352 Januar ohne Schnee
tut Bäumen und Tälern weh.
353 Wächst das Korn im Januar,
wird es auf dem Markte rar.
354 Im Januar sieht man lieber einen Wolf
als einen Bauern ohne Jacke.
355 Ist's im Januar nur warm,
wird der reichste Bauer arm.
356 Im Januar dick Eis,
gibt's im Mai ein üppig Reis.
357 Ist an Vinzenz (22. Januar) Sonnenschein,
gibt es viel und guten Wein.
358 Januar (Februar) warm, daß Gott erbarm.
359 Februar mit Sonnenschein und Vogelsang,
macht dem Bauern Angst und Bang.
360 Wenn's nicht fest wintert,
gibt's kein gutes Jahr.
361 Ist der Winter warm,
wird der Bauer arm.

362 Dem Korn unter dem Schnee
tut die Kälte nicht weh.
363 Die Erde muß ein Bettuch haben,
soll sie der Winterschlummer laben.
364 Ende Februar – sind die Lerchen wieder da.

Die meteorologischen Wintermonate Dezember, Januar und Februar sind für die Vegetation die Zeit der Ruhe, des Winterschlafs. Zwei Gefahren sieht der Bauer. Zum einen fürchtet er Kahlfröste, bei denen es zu einer starken und in die Tiefe greifenden Auskühlung des Erdbodens kommt. Eine Schneedecke dagegen hat die Funktion eines Bettuches. Zwar kühlt sich über ihr die Luft viel stärker ab als bei schneefreien Situationen, doch isoliert die Schneeschicht den Erdboden gegen diese Kälte. Außerdem, und das ist ebenso bedeutsam, verhindert eine Schneedecke weitgehend, daß die Wärme, die aus den tieferen Erdbodenschichten nach oben dringt, die Erdoberfläche verläßt, d. h. in die Luft entweicht. Für die Saat schafft daher eine Schneedecke ideale Winterschlafbedingungen.

Zum anderen fürchtet der Bauer einen von ozeanischer Luft geprägten milden und regnerischen Winter, der die Saaten bereits treiben läßt. Fehlende Winterruhe und die Gefahr für die Saat durch spät- oder nachwinterliche Fröste lassen ihn Schlimmes für die Ernte fürchten, denn

> 365  Bleibt der Winter fern,
> so nachwintert es gern.

Aber auch die Tatsache, daß in milden Wintern eine größere Zahl von Schädlingen überlebt als in strengen und damit eine größere Gefahr später für die Ernte darstellt, haben die Bauern gefürchtet.

## Frühjahr

> 366  Der März soll kommen wie ein Wolf
> und gehen wie ein Lamm.
> 367  Läßt der März sich trocken an,
> bringt er Brot für jedermann.
> 368  Im Märzen kalt und Sonnenschein,
> wird's eine gute Ernte sein.
> 369  Trockener März erfreut des Bauern Herz.
> 370  Ist es klar am Josephstag (19. März),
> spart er uns viel Not und Plag.
> 371  Maria Verkündung (25. März)
> hell und klar,
> deutet auf ein gutes Jahr.
> 372  Märzenschnee
> tut den Saaten und Blumen weh.

373  Lange Schnee im März –
     bricht dem Korn das Herz.
374  Eisige Winde im März –
     ist der Saaten Schmerz.
375  Dem Golde gleich ist Märzenstaub,
     er bringt uns Korn und Gras und Laub.
376  Ist Kunigunde (3. März) tränenschwer,
     dann bleibt gar oft die Scheuer leer.
377  Gibt's im März zu viel Regen,
     bringt die Ernte wenig Segen.
378  Ein feuchter März ist des Bauern Schmerz.
379  Ein grüner März erfreut kein Bauernherz.
380  Bringt der April viel Regen,
     so deutet der auf Segen.
381  Nasser April – verspricht viel.
382  Im April ein Schauer Schnee,
     keinem Dinge tut er weh.
383  Je eher im April der Schlehdorn blüht,
     je früher der Bauer zur Ernte zieht.

384 April naß und kalt,
wächst das Korn wie ein Wald.
385 Regen auf Walpurgisnacht (30. April)
hat stets ein gutes Jahr gebracht.
386 Was im April blüht, erfriert oft im Mai.
387 Frost im Mai, schadet Wein,
Hopfen, Bäumen, Korn und Lein.
388 April trocken –
macht die Keime stocken.
389 Sonne und Fröste im Wonnemond
Müh' und Arbeit wenig lohnt.
390 Trockener Mai – Wehgeschrei,
feuchter Mai bringt Glück herbei.
391 Ist der Mai kühl und naß,
füllt's dem Bauern Scheun' und Faß.
392 Mairegen bringt Segen.
393 Scheint am Urbanstag (25. Mai) die Sonne,
so gerät der Wein zur Wonne,
regnet's aber, nimmt er Schaden
und wird schwer nur wohlgeraten.

Eine große Anzahl von Ernteregeln beschäftigt sich mit der Witterung im ersten Frühlingsmond, denn im März wird der Grundstock für den späteren Ernteertrag gelegt. Eine dickere Neuschneedecke führt, wenn sie infolge der Kraft der Märzsonne rasch schmilzt, nach Wilomowitz-Moellendorf (1957) zu einer Überwässerung des Bodens. Dadurch hat die junge Pflanze nur einen mäßigen Wachstumsstart, den sie bei ihrer weiteren Entwicklung kaum noch wettmachen kann.

Gefährlich ist es aber auch, wenn im März der Gefrierpunkt unter der Altschneedecke erreicht wird. Da die Atmung der Pflanze weitergeht, sie infolge des Lichtmangels aber die Assimilation nicht weiter aufbauen kann, kommt es zu Auswinterungsschäden. Eisiger Wind bedeutet einerseits Kälte und andererseits Austrocknung von Pflanze und Erdboden. Der im Herbst in der Pflanze gespeicherte Zucker ist zwar winterresistent, doch hat er bis März schon viel von seiner Widerstandskraft verloren. Auch verhindert Frost, daß aus dem Wurzelbereich das durch die Austrocknung verlorene Wasser der jungen Pflanze ersetzt wird.

Ein trockener März – und das zeigt schon die altrömische Bauernregel auf S. 4 – bietet die beste Voraussetzung für eine gute Ernte. Dadurch kommt es zu einer tiefer greifenden Bewurzelung der Pflanze als bei Nässe. Auch läßt sich der Boden (entsprechend dem Kinderlied: Im Märzen der Bauer die Rößlein anspannt, er setzt seine Felder und Wiesen instand, er pflüget den Boden, er egget und sät . . .) besser bearbeiten. Wie wichtig trockene Witterung bzw. wie problematisch ein feuchter März bezüglich der Ernte für unsere Vorfahren war, läßt sich daran erkennen, daß in der umfangreichsten Bauernregel-Sammlung von Pastor (1934) über 50 Regeln aufgeführt sind, die diesen Sachverhalt beschreiben.

Schneeschauer im April können zwar den Pflanzkartoffeln schaden; da diese aber erst nach 1710 in Deutschland eingeführt wurden, die Bauernregeln aber meist älter sind, bezieht sich die obige Regel auf Sommer- und Wintergetreide. Bei der mittelalterlichen Dreifelderwirtschaft folgten auf einem Feld im Jahresrhythmus abwechselnd Wintergetreide, Sommergetreide und Brache, wobei das Brachjahr dem Boden in bezug auf seinen Nährstoffhaushalt Zeit zur Erholung gab, ihn also vor dem Auslaugen bewahrte. Erst nach der Erfindung des Kunstdüngers durch Justus von Liebig (1803–1873) konnte auf die

Brache verzichtet werden. An die Stelle des Brachjahrs trat der Anbau von Kartoffeln oder Rüben.

Nach Frankenberg (1984) findet die Bestockung sowohl der Wintergetreidearten als auch des Sommergetreides, das im März ausgesät wird, im April und Mai statt. Diese Seitentriebbildung ist stark witterungsabhängig. So nimmt die Bestockungsstärke zu, wenn niedrige Temperaturen den Bestockungsvorgang verlängern. Umgekehrt bringt eine zu trockene Witterung die Halmbildung zum Stocken. Eine warmfeuchte Witterung könnte ferner das Gleichgewicht zwischen Wurzel- und Halmbildung stören, so daß die Pflanze später nicht ausreichend ernährt werden kann. Kühl soll es also während der Bestockungsphase sein, um beste Voraussetzungen für eine gute Ernte zu schaffen.

In der Mehrzahl der zahlreichen Ernteregeln für Mai wird daher bei Pastor (1934) die kühle Witterung stärker betont als der Niederschlag, so daß man feststellen kann, daß sich die Erfahrungen unserer Ahnen mit den modernen agrar-wissenschaftlichen Erkenntnissen decken. »Nässe« kann höchstens für schluckfreudige Sandböden gemeint gewesen sein.

Meteorologisch sind die Frühjahrsmonate März, April und Mai durch einen raschen Anstieg der Temperatur gekennzeichnet. Von durchschnittlich 8 °C im März steigen die Mittagstemperaturen auf 13 °C im April und fast 20 °C im Mai an.

## Sommer

394 Auf den Juni kommt es an,
 wenn die Ernte soll bestahn.
395 Wie der Juni soll sein?
 Warm mit Regen und Sonnenschein.
396 Ist der Juni warm und naß,
 gibt's viel Korn und noch mehr Gras.
397 Soll gedeihen Korn und Wein,
 muß im Juni Wärme sein.
398 Ist der Juni warm und naß,
 gibt's viel Frucht und grünes Gras.
399 Juni kalt und naß,
 läßt leer Scheuer und Faß.
400 Wenn kalt und naß der Juni war,
 verdirbt er meist das ganze Jahr.
401 Junisonne und Juniregen
 bringen dem ganzen Jahr viel Segen.
402 Wettert der Juli mit großem Zorn,
 bringt er dafür reichlich Korn.
403 Wenn's im Juli nicht donnert und blitzt,
 wenn im Juli der Schnitter nicht schwitzt,
 der Juli dem Bauern nichts nützt.

404 Juli schön und klar,
gibt ein gutes Bauernjahr.
405 So golden die Sonne im Juli strahlt,
so golden sich der Roggen mahlt.
406 Kommt ab und zu ein Juligewitter,
verzagt weder Winzer noch Schnitter.
407 Was Juli und August nicht kochen,
kann kein Nachfolger braten.
408 Juli kühl und naß,
leere Scheuer, leeres Faß.
409 Ein trockener August
des Bauern Lust.
410 August ohne Feuer
macht das Brot teuer.
411 Wenn's im August ohne Regen abgeht,
ein mager Pferd vor der Krippe steht.
412 Was die Hundstage gießen,
muß der Winzer büßen.

Das Ährenschieben, das das Längenwachstum der Halme abschließt, fällt für die Getreidearten Winterweizen, Winterroggen sowie Sommergerste und Hafer in die Monate Mai bzw. Juni. In dieser Wachs-

tumsphase, d. h. in der Zeit seines stärksten Massenzuwachses, hat das Getreide seinen größten Wasserbedarf. Bei einem warmen aber trockenen Juni kann die Pflanze dagegen ihren Wasserbedarf nicht decken, so daß ihr Wachstum gehemmt wird. Daher schafft eine warm-feuchte Witterung mit eingelagerten, sonnigen Perioden die besten Voraussetzungen für eine gute Ernte.

Die Reifephase vollzieht sich im Juli bzw. im Zeitraum Juli/August für Winterweizen, Sommergerste und Hafer, während sie für Winterroggen schon früher liegen kann. Je feuchter die Pflanzen herangewachsen sind, je mehr Biomasse sie aufgebaut haben, desto mehr Wasser brauchen sie auch während ihrer Reifezeit. Daher sind Schauerwetterlagen nicht unwillkommen. Sie bringen kurzzeitig intensiven Regen, der für die notwendige Bodenfeuchtigkeit sorgt. Nach dem Abzug der Schauer sorgt der nachfolgende Hochdruckeinfluß wieder für Sonnenschein und Wärme.

Während der Ernte wünschte sich der Bauer allerdings sonniges und trockenes Wetter, damit das voll ausgereifte Korn trocken gedroschen werden konnte. Auch für das Stroh war es wichtig, wenn es trocken in die Scheune gefahren und dort gelagert werden konnte, da es andernfalls vorzeitig faulen würde.

Die Ernteregeln machen deutlich, was der Bauer unter einem »guten« oder »freundlichen« Jahr versteht. Ein freundliches Jahr ist ein Jahr mit einer guten Ernte. Eine gute Ernte setzt aber gute Wachstumsbedingungen voraus. Gute Wachstumsbedingungen für die Pflanze bedeuten Regen und Kühle ebenso wie Sonnenschein und Wärme zur jeweils richtigen Zeit.

Falsch sind daher alle Interpretationen von Bauernregeln, die den Begriff »freundliches Bauernjahr«

mit überdurchschnittlich sonnig oder warm gleichsetzen. Ein gutes Bauernjahr setzt leicht wechselhaftes Wetter in richtiger Dosierung voraus. Wohin anhaltend sonniges Wetter von Mai bis Juli/August führt, haben die Landwirte 1992 in Norddeutschland erfahren müssen. Dort, wo keine künstliche Beregnung der Felder möglich war, sahen die Felder trostlos und die Ernte katastrophal aus.

Um wieviel schlimmer müssen die Auswirkungen bei unseren Vorfahren in einem solchen »freundlichen« Jahr gewesen sein.

# 7 Der 100jährige Kalender

Immer wieder wird an die Meteorologen die Frage nach der Zuverlässigkeit des 100jährigen Kalenders gestellt. Welche große Bedeutung ihm in der Vergangenheit zugemessen wurde, läßt sich daran erkennen, daß er zur Zeit Friedrich des Großen neben der Bibel zu den verbreitetsten deutschen Büchern gehörte, und daß er nicht nur in Deutschland, sondern auch in den östlichen Nachbarländern zur Wettervorhersage herangezogen wurde.

Der geistige Vater des 100jährigen Kalenders ist der Abt Moritz Knauer (1613–1664) des Klosters Langheim im Bistum Bamberg. Er hatte sich zum Ziel gesetzt, auf der Grundlage regelmäßiger Wetterbeobachtungen Aussagen über die bäuerliche Arbeitsfolge, die zu erwartende Ernte von Getreide, Obst, Gemüse und Wein, über die Fischmenge, über Ungeziefer und selbst über Krankheiten zu machen. Seinen Landsleuten wollte er damit Ratschläge geben, wann in den einzelnen Jahren gesät, geerntet, geheut werden soll, in welchen Jahren gute und schlechte Ernten zu erwarten sind, wann man Rücklagen anlegen sollte, wann hohe Marktpreise zu erwarten sind, wann man sich besonders vor Krankheiten in acht nehmen muß.

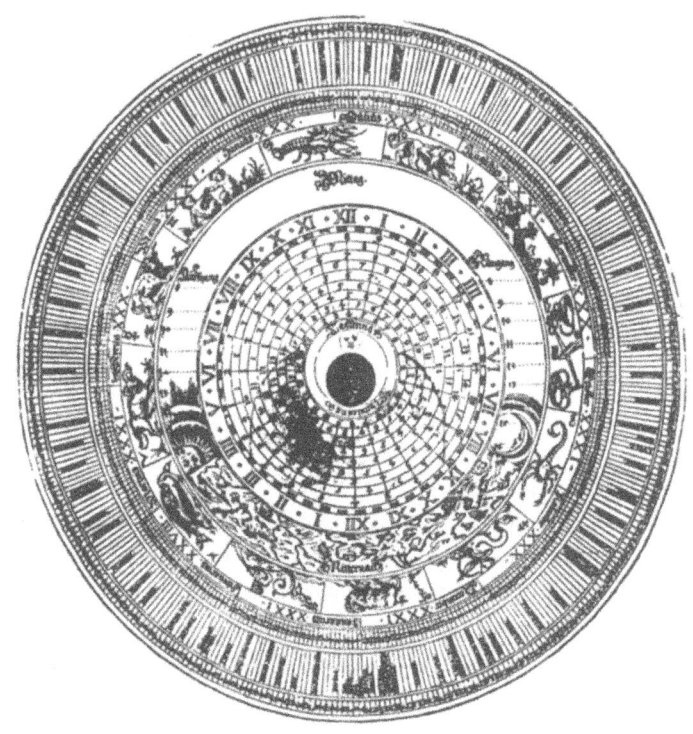

Aus diesem Grunde führte er von 1652–1658, also für 7 Jahre, tagebuchartige Wetteraufzeichnungen durch, allerdings noch ohne instrumentelle meteorologische Messungen. Danach stellte Knauer seine Wetterbeobachtungen ein. Wie viele seiner Zeitgenossen war er nämlich der Meinung, daß das Wetter von den Planeten regiert wird. Da zu dieser Zeit einerseits die hinter dem Saturn umlaufenden Planeten noch unbekannt waren, andererseits aber Sonne und Mond irrtümlich als Planeten angesehen wurden, kam man auf folgende 7 wetterbestimmende »Planeten«: Saturn, Jupiter, Mars, Sonne, Venus, Merkur und Mond.

Diese 7 »Planeten«, so meinte er, wechseln ihren Einfluß im festen Rhythmus ab, und jeder verändert die Witterung gemäß seiner Natur. Dabei geht jedes Planetenjahr von Frühlingsanfang zu Frühlingsanfang. Lediglich durch Kometen oder durch eine größere Sonnenfinsternis sah er eine Störungsmöglichkeit für den regelmäßigen Wetterzyklus.

Gemäß seinen Wetterbeobachtungen schrieb er den einzelnen Planetenjahren folgende vorherrschenden Eigenschaften zu:

Saturnjahr: kalt und feucht, Jupiterjahr: ziemlich warm und trocken, Marsjahr: trocken mit heißen Sommern: Sonnenjahr; mäßig warm und trocken; Venusjahr: warm, im Sommer schwül und trocken, Merkurjahr: kalt und trocken, Mondjahr: kalt und feucht, aber mit Tendenz zu warmen Sommern. Nach Ablauf eines solchen 7jährigen Zyklus wäre wieder der Saturn an der Reihe gewesen, so daß Knauer in gutem Glauben seine Beobachtungen nach 7 Jahren einstellte. Rückblickend muß man sagen, hätte er nur ein paar Jahre mehr beobachtet, dann hätte er bald erkannt, daß so einfach die Dinge nicht sind. Er starb 1664, ohne seine Beobachtungen veröffentlicht zu haben. Das tat erst der geschäftstüchtige Arzt Hellwig aus Frankfurt. Dabei stellte er den Knauerschen Wetteraufzeichnungen Angaben voraus, welche Planeten für welche Jahre im Zeitraum 1701–1801 zuständig waren. In einer Ausgabe von 1721 erschien dann erstmals die noch heute gebräuchliche Bezeichnung 100jähriger Kalender.

Was leistet nun der 100jährige Kalender bei der Wettervorhersage? Ganz deutlich formuliert muß man sagen: nichts! Dafür lassen sich mehrere Gründe angeben. Erstens bestimmen weder die Planeten noch der Mond unser Wettergeschehen. Allein die Sonnen-

strahlung ist es, die unsere Atmosphäre in Bewegung setzt und hält. Zweitens zeigen die über 250 Jahre langen meteorologischen Beobachtungsreihen keine regelmäßige Wiederkehr des Wetterablaufs in einzelnen Jahren. Wenn dies der Fall wäre, so wäre die Wettervorhersage einfach. Dann könnte die moderne Meteorologie längst eine immer 100 % richtige Wettervorhersage für Tage, Wochen, Monate und Jahre anbieten.

Natürlich hat der 100jährige Kalender im Einzelfall durchaus auch einmal recht. Zum einen ist er auf Wetterbeobachtungen gestützt und behauptet in den einzelnen Jahreszeiten nichts Unmögliches. Zum anderen aber könnte jeder seinen eigenen Wetterkalender für ein Jahr aufstellen. Wenn man dann vorhersagt, daß es in der 2. Januarwoche schneit, zu Ostern regnet, Mitte Juli sehr warm ist usw., wird rein zufallsbedingt die eine oder andere Aussage richtig sein. Aber derartige Prognosen entbehren jeder meteorologisch verantwortlichen Grundlage, und es wird neben Zufallstreffern auch so viele Nieten geben, daß das Verhältnis insgesamt als unbrauchbar angesehen werden muß.

Die Ausführungen sind durch einen Vergleich der Vorhersage nach dem 100jährigen Kalender für das Jahr 1984 (Merkurjahr mit Venuseinfluß bis März) mit den nach der Berliner Wetterkarte eingetretenen Witterungsverhältnissen illustriert.

| **100jähriger Kalender für 1984** | **Wetterbeobachtung 1984** |
|---|---|
| *Januaris* continuiert die Kälte, den 8. Schnee, 9. kalt bis den 14.; da es gelinde schneit. Es regnet bis den 23., da es gelinde wird. | Bis zum 18. mehrere Grad zu warm, am 8. und 15. Schneefall, aber auch davor und am 16. Regen und Schnee bis zum 23., danach mild mit Schneefall. |
| *Februaris* fängt trüb an, den 5. schön, darauf unlustig. Den 9. fällt große Kälte ein, den 10. ein so kalter Tag, dergleichen in vielen Jahren nicht gewesen ist, den 11. und 12. sehr kalt. 13. warm mit einem Regen, darauf groß Wasser folgt bis den 27., da es zum Ende rauh, windig, Schnee und unlustig. | Februaranfang trüb mit Regen und Schnee bis zum 11., am 12. sonnig. Temperaturen bis zum 14. übernormal, vom 15. an unternormal. Vom 13. an bis Monatsende Schneefälle, 28. und 29. schwachwindig. |
| *Maritius* von Anfang bis 22. meist kalt. Am 21. warmer Regen. 27. hellet auf und wird schön warm. Den letzten kühl. | Tage bis 24. meist zu kalt, am 21. kalt und kein Niederschlag. 27. bis 29. wolkig und Regen, am 30. und 31. kühl. |
| *Aprilis* ist kalt und trocken bis den 25., also daß den 16. und 17. Roßmarin und Nä- | Bis zum 25. teils zu kalt und teils zu warm und an 10 Tagen Niederschlag. 16. und |

| 100jähriger Kalender für 1984 | Wetterbeobachtung 1984 |
|---|---|
| gelein in den Garten erfrieren. Vom 25. bis Ende warm, den 28. donnerts und bleibt warm. | 17. zu kalt, ebenso vom 26.–28. kein Gewitter. Temperaturen am 29. durchschnittlich, am 30. etwas übernormal. |
| *Majus.* Das schöne Wetter continuiert bis den 6., da es bei Tag windig und rauh. Vom 8.–18. sehr warm. Am 25. schöner warmer Regen bis 29., von da bis zum Ende furchtbar. | Warm vom 1. bis 5., aber nur am 2. sehr sonnig und am 3. Gewitter. 8. bis 11. kalt, danach warm bis 21., außer am 18. Vom 24. bis 29. viel Regen und Tage meist zu kalt, ebenso 30. und 31. |
| *Junius* fängt schön an, vom 9. bis 10. Regen, darauf frühe Nebel bis zum 13. Danach fällt Regenwetter ein, continuiert bis den 21. Danach schön warm bis zum Ende. | 2. bis 4. und 19. bis 21. warm, sonst zu kalt. Am 10. kein Regen, und danach kein Nebel. Schon vor dem 13. viel Regen, auch die Periode nach dem 21. kalt und regnerisch. |
| *Julius* fängt mit großer Hitze an. Den 5. fällt Regenwetter ein, continuiert bis den 21. Danach schön warm bis zum Ende. | Juli bis zum 7. erheblich zu kalt. Am 5. Regen, vom 6.–10. trocken, danach wieder häufig Regen bis zum Monatsende. Vom 13. bis 29. zu kalt, nur am 30./31. warm. |
| *Augustus* fängt mit großer Hitze an. Den 5. fällt Regenwetter ein, continuiert bis den 19., da ein schöner Tag. Danach unstätiges Wetter bis zum Ende. | Bis zum 5. (Ausnahme 2.) warm, am 1. Regen, am 4. und 5. Gewitterregen, ebenso 9. und 10. Vom 11. bis 30. sonnig und trocken, ab 20. Tagestemperaturen allgemein übernormal. |

| **100jähriger Kalender für 1984** | **Wetterbeobachtung 1984** |
|---|---|
| *September* anfangs bis den 4. schön warm und starker Regen, danach Donner. Darauf wird schön Wetter bis den 20., danach vermischtes Wetter, den 30. starker Regen. | Bis zum 4. warm und Regen, danach bis zum 13. zu kalt und Regen, aber kein Gewitter, danach wechselhaftes Wetter mit meist wenig Sonnenschein bis zum Monatsende, am 30. stärkerer Regen. |
| *October* fängt mit Regen an, bis zum 7. und 8., da zwei schöne warme Tage, den 9. bis 14. trüb, den 14., 15., 16. schön, bis den 24. Regen. Danach wieder schön. Vom 29. bis Ende Nebel, kühl. | 1. trocken, 4. trocken und Nebel, sonst regnerisch bis zum 11., vom 14. bis 16. trocken, aber nur am 15. sonnig. 18. bis 27. (außer 24.) Regen. Sonnig am 28. und 31., vom 29. bis 31. mild, kein Nebel. |
| *November* fängt schön an, den 5./6. großer Wind, darauf 2 Tage Regen, danach wieder schön bis den 16., außer daß bisweilen Nebel. Den 17. trüb und kalt bis 27. Danach Regen bis zum Ende. | 1. bis 3. sonnig, 4. und 5. nebelig-trüb, 5. und 6. mäßiger Wind, 7. und 8. trocken. 9. bis 11. trüb, 12. bis 15. sonnig. Ab 16. meist trüb bis 28., vom 21. bis 29. zu warm. 28. bis 30. trocken. |
| *December* 1. schön, bis 15. ungestüm, 16. kalt bis den 21., 22. bis 29. trüb und Schnee, darauf sehr kalt. | 1. und 2. sonnig, frischer bis starker Wind 9. bis 16. und 20. bis 24., zu kalt 12. bis 17. und 24. bis 31., zu warm 18. bis 23., Schneefall am 8., 16./17., 21. sowie 26. bis 31. |

Soweit der wenig erfolgreiche Versuch, mit dem 100jährigen Kalender das Wetter im Orwelljahr 1984 vorherzusagen.

Nun können Skeptiker zu bedenken geben, daß die Planeten vielleicht inzwischen ihre Kraft auf unsere Witterung verloren haben, daß Atombombenversuche, Flugzeuge, Raketen, Autos und Luftverschmutzung die natürlichen Zusammenhänge gestört oder aus dem Tritt gebracht haben. Über jeden Zweifel erhaben dürfte daher ein Vergleich von Pelz (1978) für das Jahr 1701 sein, also dem Erscheinungsjahr des 100jährigen Kalenders. Aus diesem Jahr sind die täglichen Wetteraufzeichnungen der Maria Margarethe Kirch, Ehefrau des ersten Direktors der Berliner Sternwarte, erhalten geblieben. 1701 war ein Marsjahr mit Jupitereinfluß von Januar bis März.

| 100jähriger Kalender für 1701 | Wetterbeobachtung 1701 |
|---|---|
| *Januaris* trocken und nicht zu kalt. | 1. »ganz trocken und fein gelinde«, 6. »ordentlicher Frost«, 11. »trübe und leidiger Frost«, 15. »ziemlich harter Frost«. 22. »Diese Woche hat meist noch ordentliches Winterwetter gehabt«, danach Tauwetter. |
| *Februaris* schön und lustig im Anfang. Den 13.–18. Schnee und Wind. Danach bis zum Ende überaus kalt. | Zwischen 13. und 18. »stürmische Luft«, Regen, Schnee und Graupel. Vom 19. an ist es mild: »gelinde, gar lieblich«. |

| **100jähriger Kalender für 1701** | **Wetterbeobachtung 1701** |
|---|---|
| *Martius* fängt an mit kühlem Wetter zur Frühe, abends tauet es. 8. und 9. Schnee und Regen untereinander. 10.–21. kalt. | 1. »recht lieblicher Frühlingstag«, 8./9. ohne Niederschlag, 13. gelind, mild bis zum 22. |
| *Aprilis* pflegt bis auf den 16. zu gefrieren. Nachmals fällt lindes Wetter ein bis auf den 23. Darauf wieder Reif und rauhes Wetter bis auf den 29., da es anfängt schön lustig zu sein. | Am 10., 11., 12. sehr mild, sonst vom 2.–16. ziemlicher Frost. Vom 29. an Schnee und Regen. |
| *Majus* fänget den 3. mit Donner an. Folgt bald wieder rauhes, trübes und kühles Wetter bis auf den 8. Darauf die Tage wieder linde. 11. gefrieret es, zur Nacht Eyß. Bleibt kalt und ungestüm bis auf den 19. Darauf schön warm. 30. Eyß und Reif. | »Es ist gute Witterung gewesen«. Gewitter am 25. Am 30.: »schön warm lieblicher Tag mit Sonnenschein. (Weder Eis noch Reife sind in den Aufzeichnungen erwähnt.) |
| *Junius* fänget mit Reif an, folgt darauf trübe. Den 9. Reif, den 10. schön warm, welches bis zum Ende verbleibt. | Weder am 1. noch 9. gab es Reif, sondern »gar feines Wetter«. Vom 10. bis Monatsende meist warm. |
| *Julius* fängt mit großer Hitze an. Donnert fast täglich, giebt viele Kiesel (Hagel?). Zundet oft an. Bleibt schön bis zum 12. Dann folgt trüb bis auf den 28. Darauf Regen bis Ende. | Bis zum 12. »sehr hitzig«, und »es hat niemals geregnet«. Erst am 24. Regen, vom 26.–29. Gewitter. |

| 100jähriger Kalender für 1701 | Wetterbeobachtung 1701 |
|---|---|
| *Augustus* fängt frühe mit Nebel an. Die Tage sind schön warm bis zum Ende. | Kein Nebel aufgetreten. Woche vor dem 20. »noch meist warm und trocken«, danach »sehr unfreundlich, trübe und naß«. |
| *September* fängt an mit herrlichem Wetter bis auf den 13., da etwas kühl und herbstlich Wetter einfällt. Bald darauf wieder schön bis auf den 28., da trübes Wetter und Regen einfällt. | Bis zum 8. sonnig und warm, danach wechselhaft. (Keine Angaben ab 22., da M. Kirch verreist.) |
| *October* fanget an mit ungeschlachtem Wetter, hat den 10. Reif bis den 17., da ein schöner Sommertag. 25. kalt. Danach wieder schöne Zeit. 27. bis 30. ziemlich kalt. | Am 1. »feiner Herbst Tag«, den 2. also. Den 10. »noch immer warm«. Am 17. Regen. 27. bis 29. »trübe, warm«. |
| *November* kalt. Bis auf den 10. Nachmittags aber gemeiniglich schön und warm; fänget trüb Wetter mit Nebel und Regen bis auf den 22., da es wieder gefriert bis 30. Nachmittags aber Sonnenschein. | Bis zum 19. sehr kalt, täglich Frost. 18. Tauwetter. Vom 19. bis Monatsende täglich Regen. Am 30. »vormittags Sonnenschein«, nachmittags trübe »mit vielem Regen«. |
| *December* fänget mit Frost an. Bald trüb, Regen, Kälte und Eyß. Den 10. Schnee, darauf gefrieret bis den 19., da es regnet, aber gleich wieder kalt bis zum Ende. | 1. bis 9. gelinde und ohne Frost. 10. Schnee, danach Frost bis zum 19. Danach »fein gelinde«, »es gefror nicht«. |

Aus dem Vergleich ergibt sich sehr deutlich, daß auch im Jahre 1701 die Übereinstimmung zwischen 100jährigem Kalender und tatsächlichem Witterungsablauf nicht besser war als heute. Doch hatte der Herausgeber diesem Umstand bereits in der Erstausgabe Rechnung getragen, wo zu lesen ist:

»Trifft nicht alles auf ein Nägelein zu, so wird sich doch das meiste befinden. Doch ist dem allmächtigen Gott hierinnen kein Ziel und Maß vorzuschreiben. Wenn er um unserer Sünden willen strafen will, so geschieht es wider den natürlichen Lauf.«

Könnte doch der Wetterwissenschaftler von heute sich diese Ausrede auch zunutze machen. Fehlprognosen wären dann viel leichter zu ertragen.

# 8 Die Bauern-Praktik

Noch zwei Jahrhunderte älter als der 100jährige Kalender ist die Bauern-Praktik. Sie erschien 1508 in deutscher Sprache und wurde eine verbreitete, auch in West- und Nordeuropa benutzte Grundlage zur Witterungsvorhersage. Ihr Hauptgehalt bestand darin, aus dem Wetterablauf der 12 Tage zwischen Weihnachten und dem Heiligen Dreikönigstag auf die Witterung, aber auch auf die Lebensumstände und die Ernte in den 12 Monaten des neuen Jahres zu schließen. Dem Wetter eines jeden der 12 Tage wurde die Witterung eines Monats zugeordnet:

413 Wie sich das Wetter von Christtag
bis Heiligdreikönig verhält,
so ist es um das ganze Jahr bestellt.

In bezug auf die Ernte ist z. B. zu lesen:

414 Wenn es in der Christnacht und abends
lauter und klar,
ohne Wind und Regen ist,
so wird des Jahres Wein und Frucht genug.

**Abb. 29.** Altocumuluswolken mit Türmchen (Gewittervorbote).

Schicksalhafte Bedeutung wurden den 12 heiligen Nächten zugesprochen:

415 Die Christnacht, so der Wind wehet,
so sterben die Fürsten im Land, . . .
die vierte Nacht, so wird Hunger sein, . . .

**161**

die achte Nacht, so sterben
alte und junge Leute viel, ...
die zwölfte Nacht, so wird auch viel Krieg
und Streit im Lande sein.

Eine weitere Möglichkeit, den Witterungsablauf des nächsten Jahres und die zu erwartenden Lebensumstände wie Krankheiten, Krieg, Sterblichkeit abzuschätzen, war nach der Bauern-Praktik der Wochentag, auf den der 1. Weihnachtstag fiel:

Fällt der Christtag auf einen *Sonntag,* so folgt ein warmer guter Winter. Der Lenz wird sanft warm und naß, der Sommer heiß, trocken und schön und der Herbst feucht und windig. Wein und Korn gibt es genügend und gut. Es gibt viel Honig und die Schafe sind gut. Auch schmale Saat und Gartenfrüchte geraten wohl.

Fällt der Christtag auf einen *Montag,* so wird es einen weder zu kalten noch zu warmen Winter geben. Der Lenz wird gut, der Sommer windig. Der Herbst wird gut mit viel Wein und Honig.

Fällt der Christtag auf einen *Dienstag,* so wird der Winter kalt und schneereich. Der Lenz wird gut und windig, der Sommer naß, der Herbst trocken. Wein und Korn wird es in mittlerem Maß geben.

Fällt der Christtag auf einen *Mittwoch,* so wird der Winter teils hart, teils warm. Der Lenz zeigt übles Wetter, hingegen werden Sommer und Herbst gut. Wein und Korn werden genügend und gut sein.

Fällt der Christtag auf einen *Donnerstag,* so wird der Winter gut mit Regen sein. Der Lenz wird windig, der Sommer gemischt und der Herbst mit Regen und Kälte. Korn und Früchte werden genügend sein, Wein in mittleren Maßen und Honig sehr wenig.

Fällt der Christtag auf einen *Freitag,* so wird der Winter fest und stark. Gut werden Lenz, Sommer und Herbst, Wein, Korn und Heu werden genug und gut sein.

Fällt der Christtag auf einen *Sonnabend,* so bringt der Winter Kälte und Schnee, ist aber auch trüb mit viel Wind. Der Lenz wird bös und windig. Einem guten Sommer folgt ein trockener Herbst. Es wird wenig Korn und Frucht geben.

Auch wenn die Bauern-Praktik schon die eine oder andere Bauernregel enthielt, so war sie in erster Linie der Ausdruck eines meteorologischen Aberglaubens. Dabei gehen die »Wunder« der 12 Nächte-Deutung wahrscheinlich bis zu den Germanen zurück, bei denen der Ausgangstag die Wintersonnenwende war. Auch fällt auf, daß bei dem Zusammenhang von

Christtag und Wochentag die mythologische Zahl 7 wie beim 100jährigen Kalender eine Rolle spielt.

Die Zahl 7 ist in vielen Aussagen zu finden. Denken wir zum einen an die Märchenwelt, z. B. an Schneewittchen und die 7 Zwerge, den Wolf und die 7 Geißlein oder aber an die 7 Weltwunder. Zum anderen ist in der Bibel zu lesen, daß Gott die Welt in 6 + 1 = 7 Tagen erschuf, von den 7 fetten und den 7 mageren Jahren, von den 7 Plagen Ägyptens. Außerdem ist Pfingsten 7 Wochen nach Ostern.

In ihrem Ursprung ist die Zahl 7 mit großer Wahrscheinlichkeit auf den Mond, d. h. auf die jeweils rund 7tägige Dauer der 4 Mondphasen Neumond, erstes Viertel, Vollmond und letztes Viertel und damit auf den Ursprung des Kalenders zurückzuführen.

Aber auch die Zahl 40, die in vielen Bauernregeln als Prognosezeitraum zu finden ist, war in der Bauern-Praktik schon in folgender Regel enthalten:

> 416 Regnet es an unser Frauentag,
> als sie über das Gebirge ging,
> so wird das Regenwetter 40 Tage andauern.

Ganz offensichtlich ist die Zahl 40 dem christlichen Kalender entnommen: 40 Tage liegen zwischen Ostern und Christi Himmelfahrt, 40 Tage dauerte die Sintflut, 40 Tage war Moses auf dem Berg Sinai, und in 40 Tagen ist Ninive untergegangen. Die Zahl 40 ist daher nicht wörtlich zu verstehen, sondern soll vielmehr einen längeren Kalenderzeitraum beschreiben.

# 9 Der Kalender

Die Aufgabe eines Kalenders ist es, eine bestimmte Ordnung in die Aufeinanderfolge von Tagen und Jahreszeiten zu bringen, wobei die Tage durch die Drehung der Erde um die Erdachse und die Jahreszeiten durch die jeweilige Position der Erde auf ihrer Umlaufbahn um die Sonne festgelegt sind. Die im Kalender definierten Fixtage, wie z. B. der Tag des Jahresanfangs, können dabei u.a. religiös, staatlich, wirtschaftlich oder astronomisch begründet sein.

So war es in alten Hochkulturen eine wichtige Funktion des Kalenders, den Bauern zu sagen, wann der Zeitpunkt für den Beginn der Feldarbeit und die Aussaat oder für religiöse Zeremonien gekommen war.

Daher ist es nicht verwunderlich, daß es bereits vor 6000 Jahren im alten Ägypten einen Kalender gab. Nach den Beobachtungen der Ägypter dauerte ein vollständiger Mondzyklus Neumond, erstes Viertel, Vollmond und letztes Viertel (rund) 30 Tage. 12 derartige Zyklen des Mondes, von dem sich somit der Name »Monat« ableitet, vergingen zwischen dem Erscheinen des Sirius am Sternhimmel und seiner Wiederkehr (im nächsten Jahr).

Seine Bedeutung erlangte der Sirius-Stern dadurch, daß um diese Zeit die lebenswichtige Nilflut einsetzt. Sie bestimmt seit alters die Fruchtbarkeit des von Wüste umgebenen Landstrichs längs des Nils und regelt die gesamte bäuerliche Arbeit. Für die Ägypter begann daher das Jahr mit dem Einsetzen des Nilhochwassers bzw., was gleichbedeutend ist, mit dem alljährlichen Erscheinen des Sirius am nächtlichen Himmel, also dem Beginn der Hundstage. Nach heutiger Zählweise begann somit das ägyptische Jahr im Juli.

Als die Astronomen zu der Erkenntnis gekommen waren, daß es die Stellung zwischen Sonne und Erde ist, die sowohl die Jahreszeiten als auch die Länge des Jahres bestimmt, und daß dieses Sonnenjahr nicht 360, sondern 365 Tage dauert, fügten sie vor rund 3500 Jahren dem Mondjahr 5 Tage zu. Sie verteilten diese jedoch nicht, wie wir es heute gewohnt sind, auf einzelne Monate, sondern hängten sie an den letzten Monat an, d. h. sie verlängerten den 12. Monat auf 35 Tage.

Der heute gültige Kalender basiert auf dem Julianischen Kalender, also der altrömischen Zeitrechnung. An diesen Ursprung erinnern zum einen die lateinischen Namen unserer Monate und zum anderen die Zählweise. Der September leitet sich von der Zahl 7, der Oktober von 8, der November von 9 und der Dezember von 10 ab. Rechnet man somit zurück, so begann nach dem altrömischen Kalender das Jahr im März. Auch in anderen Hochkulturen war die Zeit der Tag- und Nachtgleiche, also der März oder der September, der Jahresbeginn.

Der Januar trägt seinen Namen zu Ehren des Gottes Janus; der Februar bedeutet im Lateinischen soviel wie Reinigung oder Sühne und war der letzte Monat des Jahres im alten Rom. Der März ist nach dem Kriegsgott Mars benannt. April leitet sich

**Abb. 30.** Stratocumuluswolken (Hochdruckwetterlage).

sprachlich davon ab, daß sich die Natur in dieser Zeit zu öffnen beginnt. Die Monate Mai und Juni tragen ihre Namen zu Ehren der römischen Göttinnen Maja und Juno.

Eine Besonderheit stellen die Monate Juli und August dar, denn ihre Namen gehen auf Kaiser Augustus und auf Julius Caesar, also zwei irdische Wesen, zurück. Caesar war es, der im Jahre 46 v. Chr. den nach ihm benannten Julianischen Kalender einführte; die Astronomen hatten inzwischen erkannt, daß das Sonnenjahr nicht genau 365 Tage, sondern 365 Tage und 6 Stunden dauert. Mit der Einführung des Schaltjahres alle 4 Jahre wurde diesem Umstand Rechnung getragen. Dabei ergab sich aber bei der Namensgebung für die beiden Hochsommermonate ein Problem, denn wer wollte entscheiden, ob der Juli oder der August 30 bzw. 31 Tage zählen sollte; dieses hätte einen Wertungsunterschied zwischen den beiden großen römischen Staatsmännern bedeutet. Also wurden für Juli und August jeweils 31 Tage festgelegt. Damit blieben für den Februar nur 28 statt 29 und in den Schaltjahren 29 statt 30 Tage übrig.

Aber, wie bereits früher erwähnt, auch der Julianische Kalender war noch nicht perfekt, denn das wahre Sonnenjahr dauert nicht 365,25 Tage, sondern 365,2422 Tage, was einen Zeitunterschied von rund 11 Minuten pro Jahr ausmacht. So muß es der 21. März bzw. 23. September, also Frühlings- bzw. Herbstbeginn, sein, wenn die Sonne senkrecht über dem Äquator steht. 21. Juni ist es, wenn sie über ihrer nördlichsten Position (23 1/2 °N = Wendekreis des Krebses) bzw. 22. Dezember, wenn sie über ihrer südlichsten Position (23 1/2 °S = Wendekreis des Steinbocks) senkrecht steht.

Dieses war aber im Mittelalter nicht mehr der Fall, denn die o. g. Zeitdifferenz hatte sich über Jahrhunderte aufsummiert, und so klafften Sonnenstand und Kalender deutlich auseinander. Aus diesem Grund ordnete Papst Gregor XIII. an, daß 1582 auf den 4. Oktober am nächsten Tag der 15. Oktober folgt (Gregorianische Kalenderreform). Mit dieser 10tägigen Verschiebung wurde der Kalender wieder in Übereinstimmung mit dem »Lauf der Sonne« gebracht.

Allerdings hatte das päpstliche Dekret in Deutschland zunächst nur in den katholischen Teilen Auswirkungen. In den protestantischen Gebieten hielt sich der alte Kalender z. T. noch bis ins 17. und 18. Jahrhundert.

Je nach Region fielen damit auch die alten Lostage der Bauernregeln auf unterschiedliche Tage, denn während z. B. der Siebenschläfertag bei den einen der 27. Juni war, lag er bei den anderen am 10. Juli, dem

Siebenbrüdertag. Welch ein Durcheinander im deutschen Kalenderwald.

Abschließend seien noch die alten deutschen Bezeichnungen für die Monatsnamen aufgeführt. Sie leiten sich aus den charakteristischen Eigenschaften im Jahresverlauf ab.

| | |
|---|---|
| Januar | Hartung |
| Februar | Hornung |
| März | Lenzmond |
| April | Keimmond |
| Mai | Wonnemond |
| Juni | Brachmond |
| Juli | Heumond |
| August | Erntemond |
| September | Herbstmond |
| Oktober | Weinmond |
| November | Nebelmond |
| Dezember | Wintermond |

Viele dieser Bezeichnungen finden sich in den alten Formen der Bauernregeln wieder.

Der Festlegung des Jahresbeginns auf den 1. Januar liegt eine christliche Symbolik zugrunde. Kurz nach der Geburt Christi in der dunkelsten Zeit des Jahres, nämlich zur Wintersonnenwende, beginnt astronomisch wie im christlichen Sinne ein Neuanfang.

# 10 Der Mondeinfluß

Der Mond mit seinem blaßgelben Schein und seiner ständig wechselnden Gestalt hat den Menschen seit seinen frühesten Tagen fasziniert. Sicherlich nicht zufällig entspricht die magische Zahl 7 der Dauer der einzelnen Mondphasen. Seine Ruhe, sein mildes Licht, sein Kommen und Gehen hat die Dichter angeregt, die Komponisten inspiriert und die Verliebten zu allen Zeiten die Zweisamkeit besonders romantisch erleben lassen. Unzählige Geschichten in allen Sprachen ranken sich um den Mond, um seine Schönheit, seine Veränderlichkeit, sein immerwährendes Entstehen und Vergehen, um sein sommersprossiges Gesicht.

Das Märchen berichtet vom Mann im Mond, der einst von Gott dorthin verbannt wurde, weil er auf der Erde entgegen dem Gebot am Sonntag arbeitete. Zur Strafe muß er fortan für alle Zeiten ein riesiges Reisigbündel auf seinen Schultern tragen.

Auf Sylt erzählt man, der Mann im Mond sei ein Riese. Dieser schöpft das Wasser aus dem Meer, um es über dem Land in Form von Regen auszugießen. Auf diese Weise entsteht Niedrigwasser, also Ebbe, an der Küste. Wenn er aber, müde vom Schöpfen, sich ausruht, fließt das Wasser vom Land wieder ins Meer, und es entsteht die Flut.

Auch von der Frau im Mond erzählt die Mär. Wenn sie, müde vom vielen Flachsspinnen, ihren Kopf zur Seite neigt, fällt ihr langes Haar herab und verdeckt den Mond, wodurch eine Mondfinsternis entsteht. Erschrocken fährt sie wieder empor, ordnet ihr Haar, und der Mond wird wieder in alter Schönheit sichtbar. In vielen alten Kulturen wurde die Frau im Mond als Mondgöttin verehrt, und im arabischen Sprachraum sagt man heute noch zu einer Frau:»Du bist schön wie der Mond«.

Schon in der Antike werden dem Mond geheimnisvolle Kräfte zugeschrieben. Man schrieb ihm u. a. Einfluß auf Gesundheit und Krankheiten zu, ja selbst auf Sieg und Niederlage in Schlachten. So mußten in der berühmten Schlacht von Marathon im Jahr 490 v. Chr. die Athener die Perser allein besiegen, da die Spartaner sich weigerten, bei Neumond in die Schlacht einzugreifen.

Über seine magischen Auswirkungen auf das Wetter und auf die bäuerlichen Planungen ist bereits im alten Rom bei Vergil (70–19 v. Chr.) zu lesen:

417 Wenn die Luna ihr wiederkehrendes Feuer versammelnd,
  einschließt in die getrübte Sichel
  den düsteren Nebel,
  dann wird gewaltiger Regen zuteil
  dem Landmann und dem Meere.
418 Was monatlich Luna deute,
  bei welchem Zeichen sich lege der Süd,
  was die Bauern oft müssen sehen,
  um näher dem Stall die Herde zu halten.

Die wissenschaftlichen Vorstellungen des Mittelalters über die Vorgänge in der Atmosphäre, also über

Wetter und Klima, waren in hohem Maße durch die Beobachtungen und Analysen der Antike geprägt. Insbesondere stellte die Systematik des Aristoteles (384–322 v. Chr.) in seinem Werk *Meteorologica* die Grundlage aller meteorologischen Erkenntnisse dar. Dabei verstand Aristoteles unter Meteorologie das »in der Luft Befindliche«, d. h. nach seinen Grundsätzen gehören auch die Einflüsse von Sternschnuppen, Kometen und letztlich auch des Mondes zum Bereich der Meteorologie.

Nicht verwunderlich ist es daher, daß sich in den astronomischen Regeln des Mittelalters eine Entwicklung wiederfindet, die ihre Wurzeln im antiken Griechenland hat und die sich bis in die Gegenwart fortgesetzt hat. Dieses wird z. B. auch an der Regel 419 deutlich, die man auf den ersten Blick geneigt ist, als Aberglaube abzutun:

> 419  Viel Sternschnuppen künden Regen und Wind.

Oder gibt es vielleicht doch mehr Dinge zwischen Himmel und Erde, als es uns unsere Schulweisheit träumen läßt? Wir werden später auf diese Regel und diese Frage noch einmal zurückkommen.

## Mondregeln

Die Aussagen der Mondregeln umfassen praktisch alle Bereiche des Lebens. Wie die nachfolgende, nach den Mondphasen geordnete kleine Auswahl zeigt, reichen sie vom Einfluß des Mondes auf das Wetter, auf Pflanzen und Tiere bis zu den alltäglichen Dingen in Haus und Hof, z. B. wann der günstigste

Zeitpunkt für einen Baum- oder Haarschnitt ist, für Pflanzen und Ernten, ja selbst für das Waschen der Wäsche und das Vertreiben von Maulwürfen.

## Neumond

420 Bei Mondwechsel ändert sich auch
das Wetter.
421 Wenn's Wetter sich im Neumond
nicht ändert,
dann bleibt's zwei Wochen so.
422 Schneit's im November im Neumond,
so hat der Winter verworfen;
schneit's im Winter aber
im abnehmenden Mond,
so hält der Schnee bis in den Frühling.
423 Wie im September der Neumond tritt ein,
so wird das Wetter den Herbst durch sein,
424 Schneidet man Kindern bei Neumond
die Haare,
so bekommen sie schöne, dichte Locken.
425 Im Jänner beschlage die Pferde,
wenn Neumond ist
oder einige Tage danach,
dann bekommen sie gute Hufe.

## Zunehmender Mond

426 Denk dran, bei wachsendem Mond die
Früchte zu pflücken,
denn wenn er abnimmt, wird alles faul,
was du abgepflückt hast.

427 Im wachsenden Mond sind Rosmarin
und Majoran zu säen.
428 Rosmarintriebe soll man vier Tage
vor Vollmond ausbrechen,
dann wird die Pflanze stärker.
429 Zerstört man Maulwurfhügel
bei zunehmendem Mond
und läßt die Löcher offen,
so wandern die Maulwürfe ab.
430 Pilze soll man bei zunehmendem Mond
sammeln,
sie schmecken dann am besten.
431 Kirschen sollen gepfropft werden,
wenn der Mond drei oder vier Tage alt ist.
Apfel- und Birnbäume aber im Neumond,
dann tragen sie besser.
432 Alles was wachsen soll,
ist im zunehmenden Mond zu beschneiden
was nicht wachsen soll,
im abnehmenden Mond.
433 Den Schafen soll man die Wolle im
zunehmenden Mond abnehmen.
434 Die Kälber sollen bei wachsendem Mond
abgesetzt werden.
435 Das Haar soll man am dritten Tag
im Neumond schneiden.
436 Man soll die Wäsche nicht im zunehmenden Mond machen,
denn sonst vermehren sich die Flöhe.
437 Ein Kamin zieht besser,
wenn er bei zunehmendem Mond gebaut
wird.
438 Im zunehmenden Mond soll man diejenigen
Früchte pflanzen,
die auf der Erde wachsen.

439 Wenn bei wachsendem Mond im Mai
Schnee kommt,
so hat ihn jeder Monat zu spüren.

**Vollmond**

440 Ist die Christnacht hell und klar,
folgt ein höchst gesegnet Jahr.
441 Die Erfahrung bezeugt,
daß der Mond die Erde befeuchtet.
442 Donnert es im Junimond,
so wird gut Getreid';
donnert es aber, wenn der Aprilmond ist im Stier,
werden Korn und Gerste Schaden leiden.
443 Gewitter in der Vollmondzeit,
verkünden Regen weit und breit.
444 Der Mond reift keine Trauben.
445 Butter soll man im Vollmond kochen,
bei zunehmendem Mond kocht sie über.
446 Heller Mondschein im April,
schadet den Blüten unendlich viel.
447 Nelkenstauden soll man bei Vollmond ausbrechen.
448 Wenn man Blumen bei Vollmond
beschneidet, so werden sie gefüllter.
449 Rosenstauden tragen bis weit in den Herbst,
wenn man sie im April bei Vollmond schneidet.
450 Die Schafe soll man im Vollmond scheren.
451 Getreide soll man im Vollmond säen
und im abnehmenden Mond ernten.

## Abnehmender Mond

452 Man säe Mangold, rote Rüben, Rapunzel, Rebkressing
im abnehmenden Mond.
453 Schneidet man die Klauen vom Vieh
bei abnehmendem Mond,
so wachsen sie langsamer nach
als bei zunehmendem Mond.
454 Erbsen soll man bei abnehmendem Mond pflanzen.
455 Im Herbst säe lieber im abnehmenden Mond.
456 Heilkräuter soll man im August
bei abnehmendem Mond pflücken.
457 Sammle die Eier, wenn der Mond abnimmt,
dann verderben sie nicht so leicht.
458 Mist soll man streuen, wenn der Mond abnimmt,
so wird er rasch vom Boden aufgenommen.
459 Zimmerwände bleiben länger sauber,
wenn man sie bei abnehmendem Mond anmalt.
460 Werden Holzböden bei abnehmendem Mond im Zeichen des Steinbocks gelegt,
bekommen sie keine Spalten und bleiben eben.
461 Von Gartenblumen soll man Ableger nehmen,
wenn der Mond abnimmt und im Zeichen der Jungfrau steht.
462 Kartoffeln sollen gesetzt werden,
wenn der abnehmende Mond im Zeichen des Fisches ist.

Wie man erkennt, wird im allgemeinen Wachstum mit zunehmendem Mond verknüpft, während der abnehmende Mond eher das Gegenteil bewirken soll. Bei Regel 462 wird deutlich, daß sie aus der Neuzeit stammt, denn in den mittelalterlichen Bauernregeln wird die Kartoffel, die erst im 18. Jahrhundert in Deutschland eingeführt wurde, noch nicht erwähnt.

Ein Teil der mondbezogenen Wetterregeln, ist meteorologisch leicht zu erklären. So kommt in Regel 421 die Erhaltungsneigung des Wetters zum Ausdruck. Wie schon früher ausgeführt, weisen sowohl ruhiges Hochdruckwetter als auch wechselhafte Witterung eine gewisse Beständigkeit auf, die durchaus bis zu zwei Wochen andauern kann, d. h. bei diesen Aussagen handelt es sich um Witterungsregeln.

In Regel 441 kommt zum Ausdruck, daß in wolkenlosen Nächten die Lufttemperatur weiter absinkt als in bewölkten Nächten, so daß dann Taubildung einsetzt und die Erde befeuchtet wird. Bis zu den Eisheiligen (12.–14. bzw. 15. Mai) kann die Abkühlung in »hellen« Nächten mit Nachtfrost verbunden sein, wodurch die Blüte Schaden nimmt (Regel 446). Dieses wird deswegen den Vollmondnächten zugeschrieben, weil in ihnen die fehlenden Wolken am augenfälligsten sind. Die anderen Mondphasen in Verbindung mit wolkenlosen Nächten haben jedoch den gleichen Effekt.

Gewitter entstehen, wenn eine schwülwarme Periode durch einen Kaltlufteinbruch beendet wird. Dabei kommt es im Bereich der Kaltfront, d. h. an der Grenze der vordringenden Kaltluft zur vorgelagerten Warmluft, verbreitet zu ergiebigen Schauern (Regel 443). Im Juni ist nach den Ernteregeln 395 ff eine warm-feuchte Witterung eine optimale Voraussetzung für eine gute Ernte. Aufgrund des hohen Sonnenstands ist zu erwarten, daß die Kaltluft erwärmt oder bald durch südliche Winde mit neuer Warmluft ersetzt wird. Anders ist es im April. Die Polarregion ist nach der langen Polarnacht noch angefüllt von winterlicher Kaltluft, und die Wahrscheinlichkeit, daß sie mit Nachtfrösten verbunden ist, ist dann sehr hoch (Regel 442).

Voller Interesse habe ich die Regel 429 zur Kenntnis genommen. Wie schon früher erwähnt, wird mein ländliches Rasengrundstück von Zeit zu Zeit von einer Maulwurffamilie heimgesucht. Ob sie zu den Nachbarn abwandert, wenn ich ihre Hügel bei zunehmendem Mond gemäß der Anweisung bearbeite, werde ich nach ihrem nächsten Besuch wissen.

Eine Reihe von mondbezogenen Wetterregeln läßt sich aber nicht ohne weiteres erklären. So bleibt in Regel 420 offen, warum mit dem Mondwechsel im allgemeinen auch ein Wetterwechsel eintreten soll. Hier werden offensichtlich dem Mond geheimnisvolle Kräfte zugesprochen, die über große Entfernungen wetterwirksam sein sollen. Ob es einen solchen Mondeinfluß auf der Erde gibt, gilt es zu überprüfen, und zwar sowohl im allgemeinen als auch im besonderen in bezug auf das Wettergeschehen.

## Der Mond und sein Einfluß auf Ozean und Atmosphäre

Der Mond hat eine mittlere Entfernung von der Erde von 384.000 km. Er umkreist die Erde, und mit ihr bewegt er sich im Laufe eines Jahres um die Sonne. Dabei zeigt er immer dieselbe Seite zur Erde, so daß erst die Astronauten von Apollo 1 als erste Menschen seine Rückseite in Augenschein nehmen konn-

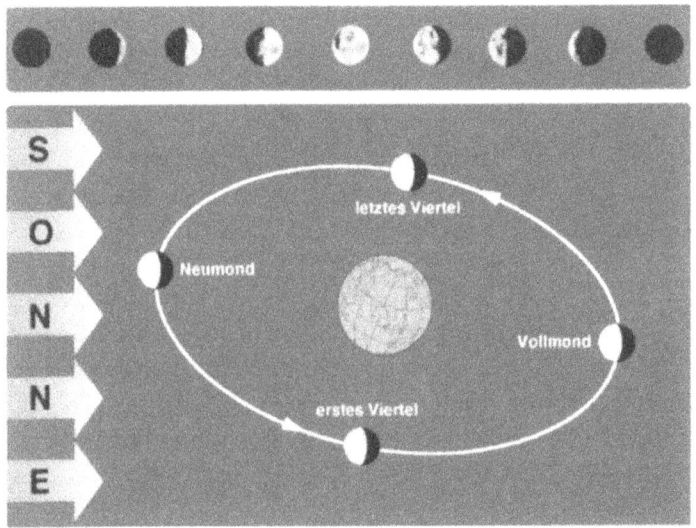

**Abb. 31.** Die Mondphasen im Verlauf eines synodischen Monats.

ten. Sein Durchmesser beträgt 3476 km, der der Erde dagegen 12.740 km; seine Masse macht nur den 81. Teil der Masse der Erde aus.

Wie ein Blick auf die Mondkarte in einem Atlas zeigt, ist die Mondoberfläche sehr stark gegliedert, was ihm sein sommersprossiges Aussehen verleiht. Auf der der Erde zugewandten Seite befinden sich bis zu 11.000 m hohe Gebirge, aber auch weite ebene Gebiete, die sog. Mare, in denen sich die zahlreichen Mondkrater befinden.

Die von der Erde aus periodisch zu beobachtenden wechselnden Mondphasen (Abb. 31, oben) sind das Ergebnis der wechselnden Stellung des Mondes auf seiner Umlaufbahn um die Erde in bezug zur Sonne (Abb. 31, unten). Zwar strahlt die Sonne immer eine Mondhalbkugel an, doch sehen wir von der Erde aus bei zu- und abnehmendem Mond, immer nur einen Teil der sonnenbeschienenen Mondoberfläche.

Steht der Mond zwischen Erde und Sonne, so ist uns seine dunkle Seite zugewandt, d. h. die Sonne bescheint die Rückseite des Mondes, während von uns aus gesehen seine Vorderseite im Schatten liegt. Es herrscht Neumond.

Zwei bis drei Tage später wird der Mond, wenn er ein Stück auf seiner monatlichen Umlaufbahn um die Erde zurückgelegt hat und wir den Randbereich der sonnenbeschienenen Mondfläche sehen können, als schmale Sichel am Himmel sichtbar. Jeden Tag geht er an einem Ort 50 Minuten später auf. 7,4 (genau 7,38) Tage nach Neumond erreicht er das erste Viertel.

Weitere rund 7,4 Tage später steht der Mond nach ständiger Zunahme auf der von der Erde aus gesehen entgegengesetzten Seite zur Sonne. Die Mondvorderseite wird voll von der Sonne angestrahlt, und wir haben Vollmond.

Nun verringert sich der sichtbare Bereich des Mondes wieder, und es herrscht abnehmender Mond. 7,4 Tage nach Vollmond erreicht er das letzte Viertel und unter weiterer Abnahme ist er auf seiner Bahn 7,4 Tage später wieder auf der sonnenzugewandten Seite angelangt, und wir haben wieder Neumond.

Die Zeitspanne zwischen zwei aufeinanderfolgenden Neumonden, also die Periode für einen vollständigen Mondumlauf um die Erde, beträgt rund 29,5 Tage. Dieses ist der synodische Monat.

Die Bahnebene des Mondes um die Erde ist gegen die Erdbahnebene um die Sonne um rund 5° geneigt; daher steht im allgemeinen der Mond bei seinen Umläufen um die Erde nicht genau in der Linie zwischen Erde und Sonne. Wenn dieses aber von Zeit zu

Zeit der Fall ist, so entsteht eine Sonnenfinsternis, da der zwischen Erde und Sonne stehende Mond die Sonne verdunkelt. Bei partieller Sonnenfinsternis ist noch ein Teil der Sonne zu sehen, für die Zeit einer totalen Sonnenfinsternis ist die Sonnenscheibe vollständig verschwunden.

Steht dagegen der Mond so, daß die Erde sich auf einer Linie zwischen ihm und der Sonne befindet, so daß er im Schatten der Erde ist, kommt es zu einer Mondfinsternis. Bei einer totalen Mondfinsternis liegt der Vollmond vollständig im Schatten der Erde, bei einer partiellen Mondfinsternis kann das Sonnenlicht die Mondscheibe noch teilweise anstrahlen.

Der Mond ist der erdnächste Himmelskörper und übt aufgrund seiner Masse eine merkliche Anziehungskraft auf die Erde aus. Ihre Wirkung kennt jeder, der schon einmal an der Nordsee Urlaub gemacht hat. In ständigem Wechsel von rund 6 Stunden hebt und senkt sich der Meeresspiegel, strömt das Wasser von der Küste fort und kommt wieder zurück. Der mittlere Zeitunterschied zwischen zwei aufeinanderfolgenden Hoch- bzw. Niedrigwassern beträgt 12 Stunden und 25 Minuten. Wie der Mond verspäten sich Ebbe und Flut somit täglich um 50 Minuten.

Zum Verständnis der Gezeiten ist es wichtig, die Anziehungskraft des Mondes auf die Wassermassen des Ozeans zu betrachten. Steht z. B. der Mond über der Nordsee, so bewirkt er durch seine Anziehungskraft, daß sich dort der Meeresspiegel hebt, also ein Flutberg entsteht.

Gleichzeitig tritt aber durch die Bewegungen von Mond und Erde eine Fliehkraft auf, die dafür sorgt, daß auch auf dem entgegengesetzten Teil der Erde ein Flutberg entsteht, d. h. steht der Mond über der Nordsee, entsteht dort und gleichzeitig im Seegebiet von Neuseeland, unserem Gegenpunkt, ein Flutberg; steht der Mond dagegen über Neuseeland, so entsteht dort durch seine Massenanziehungskraft und in der Nordsee durch die Fliehkraft ein Flutberg. In den Gebieten zwischen den Flutbergen, wo das Wasser also abströmt zu den Flutgebieten, herrscht Ebbe.

Mit dem täglichen Gang des Mondes wandern also auch die Flutberge und entsprechend die Gebiete mit Ebbe um die Erde, so daß an jedem Küstenort im Mittel alle 12 Stunden und 25 Minuten Hoch- bzw. Niedrigwasser eintritt. In manchen Gebieten hebt und senkt sich der Meeresspiegel um mehrere Meter, während z. B. an der vom Atlantik abgeschnittenen Ostsee die Gezeiten kaum spürbar sind. Bei Vollmond und Neumond tritt das höchste Hochwasser und das niedrigste Niedrigwasser auf, es herrscht Springtide. Beim ersten und letzten Viertel sind dagegen die Unterschiede zwischen Ebbe und Flut am geringsten; es herrscht Nipptide.

Auch die Sonne hat durch ihre Massenanziehungskraft einen Einfluß auf die Gezeiten. Aufgrund ihrer großen Entfernung von rund 150 Mio. km von der Erde ist der Effekt jedoch geringer als der Mondeinfluß, so daß sie die Gezeiten je nach ihrer Stellung zum System Mond–Erde nur sekundär beeinflußt.

Zusammenfassend läßt sich feststellen, daß der Mond einen bedeutenden Einfluß auf die (leicht beweglichen) Wassermassen der Ozeane hat.

Die fluterzeugenden Kräfte des Mondes müssen grundsätzlich auch auf die Atmosphäre wirken. Die Frage ist jedoch, ob sie einen vergleichbaren Effekt wie im Ozean hervorrufen können. Zwar sind Gase so beweglich wie Flüssigkeiten, doch ist Luft bekanntlich erheblich leichter als Wasser, d. h. die Masse unserer gasförmigen Lufthülle ist weitaus geringer, als die der Ozeane. Da aber nach dem Gravitationsgesetz von Newton die Anziehungskraft zwischen zwei Körpern von dem Produkt ihrer Massen bestimmt wird, also m(Mond) × m(Ozean) bzw. m(Mond) × m(Atmosphäre), muß die Kraftwirkung des Mondes auf die Atmosphäre um ein Vielfaches kleiner sein als auf den Ozean.

So haben sorgfältige Analysen von J. Bartels anhand von 150.000 Daten gezeigt, daß der Einfluß des Mondes auf den Luftdruck an der Erdoberfläche, und damit auf die Hochs und Tiefs, verschwindend gering ist. Die tägliche Gezeitenwelle im Luftdruck, d. h. die durch die Mondmasse bedingte tägliche Luftdruckschwankung, macht nicht mehr als einige Hundertstel Hektopascal aus.

Vergleicht man diesen Betrag mit den Luftdruckänderungen bei Wetteränderungen, wo der Luftdruck in wenigen Stunden um 1–3 hPa, manchmal sogar um 5–10 hPa steigt oder fällt, so erkennt man, wie unbedeutend dieser fluterzeugende Mondeffekt auf die Atmosphäre ist.

Danach zu urteilen, müßte man jeden Mondeinfluß auf das Wetter verneinen. Sind wir damit am Ende unserer Weisheit angelangt, oder gibt es noch andere Wege, einem geheimnisvollen Mondeinfluß auf die Vorgänge in der Atmosphäre nachzuspüren?

## Der Mondeinfluß auf das Wetter

Ungeachtet der Tatsache, daß der minimale Gezeiteneffekt auf den Luftdruck mit Sicherheit das Wetter nicht beeinflussen kann, stellt sich die meteorologische Wissenschaft seit 100 Jahren die Frage, ob nicht dennoch Mondeinflüsse auf das Wettergeschehen nachgewiesen werden können, deren physikalische Zusammenhänge aber im Verborgenen liegen. Sucht man eine Antwort auf diese Frage, so kann dieses am zweckmäßigsten anhand sorgfältiger statistischer Untersuchungen geschehen.

Die frühen Studien über den Zusammenhang von Mond und Wetterelementen waren sehr widersprüchlich. So gab es sowohl Ergebnisse für als auch gegen einen Mondeinfluß. Erst in den letzten Jahrzehnten zeichnet sich auf der Basis einer detaillierten Statistik ein klareres Bild ab.

Um selber eine Vorstellung von den möglichen Mondeinflüssen zu bekommen, habe ich anhand der Berliner Wetterdaten den Zusammenhang zwischen den Mondphasen einerseits und dem Bewölkungsgrad bzw. der Niederschlagsmenge andererseits untersucht.

In Abb. 32 ist die mitternächtliche Bewölkungsmenge in Abhängigkeit von den Mondphasen (als gleitendes 3tägiges Mittel) für den 20jährigen Zeitraum von 1968–1987 dargestellt.

Wie man deutlich erkennt, treten in der Tat Unterschiede im nächtlichen Bedeckungsgrad bei den verschiedenen Mondstellungen auf. Eingetragen ist als gerade Linie noch der berechnete Durchschnittswert der 20jährigen Periode von 4,65 Achteln. Die Angabe der Wolkenmenge in Achteln ist bei der Wetterbeobachtung Standard. Ein bedeckter Himmel wird mit acht Achteln (8/8) angegeben, ein zur Hälfte bewölkter Himmel mit vier Achteln (4/8), ein viertel- bzw. dreiviertel bewölkter Himmel mit 2/8 bzw. 6/8. Im Durchschnitt war somit der mitternächtliche Himmel über Berlin in den 20 Jahren zu etwas mehr als die Hälfte (58%) von Wolken bedeckt.

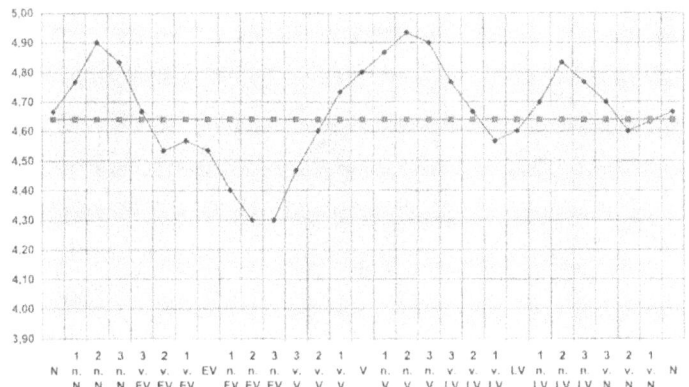

**Abb. 32.** Mittlerer Zusammenhang zwischen den Mondphasen und der mitternächtlichen Bewölkungsmenge (in Achteln) im Zeitraum 1968–1987

Im Detail wird deutlich, daß vor allem in den Tagen nach Neumond und nach Vollmond die Wolkenbedeckung über dem Durchschnitt liegt. Unterdurchschnittliche Bewölkung ist insbesondere zum ersten Viertel zu erkennen sowie, schwächer ausgeprägt, zum letzten Viertel.

Unterteilt man die 20 Untersuchungsjahre in die Dekaden 1968–1977 und 1978–1987, so zeigen beide 10-Jahres-Zeiträume eine grundsätzliche Übereinstimmung. In beiden Zeiträumen ist die Bewölkungsmenge nach Vollmond und Neumond höher als zum ersten und letzten Viertel.

In einem zweiten Schritt wurde für die Jahre 1988–1997 untersucht, ob sich ein Mondeinfluß auf die tägliche Niederschlagsmenge nachweisen läßt. Die Ergebnisse sind in Abbildung 33 dargestellt. Der berechnete Durchschnittswert über alle Mondstellungen betrug 20 l/m². Wie man erkennt, ändert sich mit den

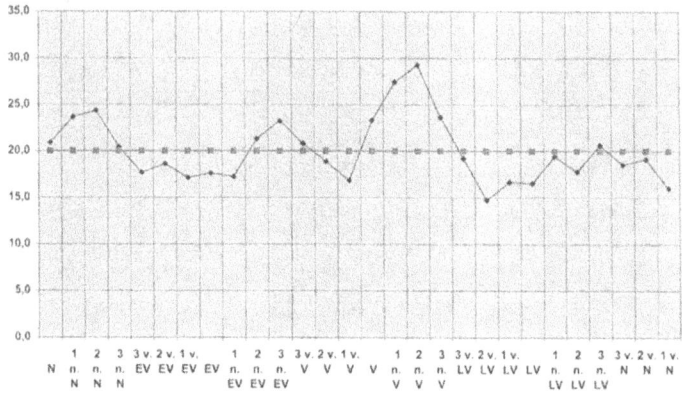

**Abb. 33.** Durchschnittliche Niederschlagsmenge (in l/m$^2$) im Zusammenhang mit den einzelnen Mondphasen im Zeitraum 1988–1997

Mondphasen auch die Niederschlagsmenge. Überdurchschnittlich viel Niederschlag fällt vor allem zu und nach Vollmond sowie zu und nach Neumond. Unter dem Durchschnitt liegen die Niederschläge vor und zum ersten Viertel sowie vor, zum und nach dem letzten Viertel.

Wie bei der Bewölkung zeigt somit auch der mondbezogene Gang der Niederschlagsmenge das Bild einer (verzerrten) Doppelwelle im Laufe eines synodischen Monats mit den beiden Maxima um Vollmond und Neumond sowie zwei Minima zu den beiden Vierteln. Damit erhebt sich die Frage: Können die gefundenen Ergebnisse rein zufällig sein, oder haben wir es mit einem gesicherten Zusammenhang zu tun?

Eine weitere statistische Untersuchung auf der Basis norddeutscher Niederschlagsdaten aus den drei Epochen 1903–1914, 1924–1933 und 1957–1962 wurde 1965 von W. Fett durchgeführt. Von ihm wurde die Frage überprüft, ob sich ein Mondeinfluß auf die Zahl der Tage mit starken Regenfällen, d. h. mit 24stündigen Regenmengen über 10 l/m$^2$ nachweisen läßt.

Seine Auswertungen für die o. g. Zeiträume zwischen 1903 und 1952 stehen grundsätzlich in guter Übereinstimmung mit den Ergebnissen aus den drei Dekaden von 1968 bis 1997. Das Auftreten stärkerer Regenfälle zeigt ebenfalls die beiden Maxima zur Neumond- und zur Vollmondzeit. Wie die detaillierte statistische Betrachtung belegt, sind die gefundenen Zusammenhänge zwischen Mondeinfluß und Wetter nicht zufällig, sondern mit hoher Wahrscheinlichkeit statistisch signifikant.

Aufgrund der Untersuchungsergebnisse mit Berliner und norddeutschen Klimadaten müssen wir daher davon ausgehen, daß es einen Mondeinfluß auf das Wettergeschehen gibt. Wenn der Mond aber einen geheimnisvollen Einfluß auf unser Wetter hat, so muß dieser auch in den anderen Regionen der Erde auftreten. Folglich verwundert es nicht, daß vergleichbare Ergebnisse auch für die USA, Indien und Neuseeland gefunden wurden, und daß sogar die Möglichkeit besteht, daß es Zusammenhänge zwischen den Mondphasen und komplexen Wettersystemen gibt, wie z. B. dem Auftreten von Tornados in den USA.

## Mondeinfluß und Wettervorhersage

Aufgrund der gefundenen Zusammenhänge könnte man den Schluß ziehen, daß der Mond einen nachhaltigen Einfluß auf das tägliche Wetter hat und

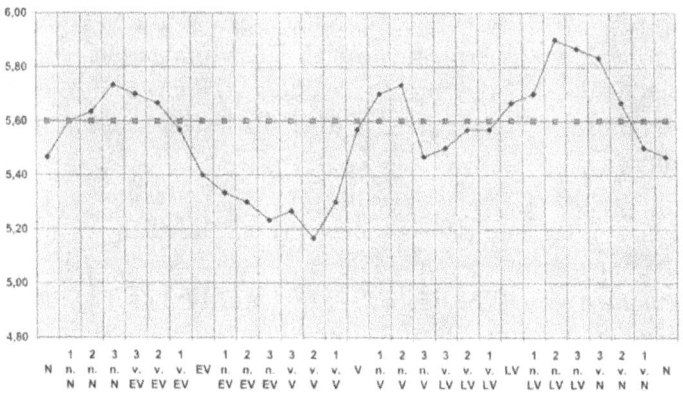

**Abb. 34.** Mittlerer Zusammenhang zwischen den Mondphasen und der mittäglichen Bewölkungsmenge (in Achteln) im Zeitraum 1968–1987

somit eine Wettervorhersage anhand der Mondphasen möglich ist. Aber so einfach liegen die Dinge nicht. Der Nachweis des Mondeinflusses auf Bewölkung und Niederschlag ist als mittlerer Effekt bei jahrzehntelangen Beobachtungsreihen sichtbar geworden. Was aber ist mit den anderen meteorologischen Prozessen, die die tägliche Wetterentwicklung bestimmen, z. B. die Vorgänge an Wetterfronten oder die tägliche Sonneneinstrahlung? Daß der Mondeinfluß nur einer von vielen Einflußfaktoren ist, wird durch Abb. 34 und 35 anschaulich belegt.

In Abb. 34 ist für den 20jährigen Zeitraum von 1968–1987 der Zusammenhang zwischen den Mondphasen und der Bewölkung zur Mittagszeit wiedergegeben. Im Vergleich mit der nächtlichen Bewölkung werden deutliche Unterschiede sichtbar. So wird im Gegensatz zu den Verhältnissen während der Nacht (vgl. Abb. 32) das Hauptmaximum der Bedeckung

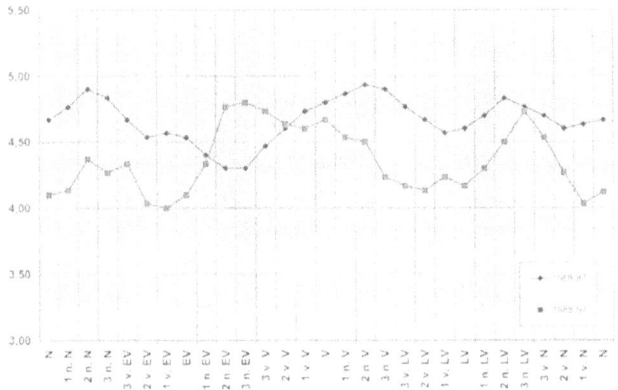

**Abb. 35.** Vergleich der mitternächtlichen Bewölkungsmenge (in Achteln) im Zusammenhang mit den Mondphasen in den Zeiträumen 1968–1987 und 1988–1997

nicht nach Vollmond, sondern nach dem letzten Viertel angetroffen, also rund eine Woche später.

Noch deutlicher werden die Verhältnisse, wenn man sich Abb. 35 anschaut. Dort ist zum einen der Zusammenhang von Mondphasen und mitternächtlicher Bewölkungsmenge für den Zeitraum 1968–1987 (aus Abb. 32) dargestellt. Zum anderen ist der Zusammenhang von Mondphasen und mitternächtlicher Bewölkungsmenge für die nachfolgenden 10 Jahre, also die Periode 1988–1997, wiedergegeben. Wie der Vergleich beider Kurvenverläufe zeigt, gibt es sowohl grundsätzliche Übereinstimmungen als auch deutliche Unterschiede bzw. Verschiebungen zwischen den beiden Zeiträumen. Dieses zeigt, wie komplex das Zusammenwirken aller wetterbestimmenden Faktoren ist, und daß der Mondeinfluß in der täglichen Wetterküche von vielen anderen atmosphärischen Vorgängen überlagert wird.

Faßt man die Ergebnisse zusammen, so kann man sagen: Es gibt einen gesicherten Einfluß des Mondes auf die Bewölkung und auf den Niederschlag. Allerdings wird dieser Zusammenhang ausschließlich als statistischer Effekt in vieljährigen Klimabeobachtungen sichtbar. Die täglichen Wetterabläufe aber sind von vielen Einflußfaktoren abhängig, so u. a. von der großräumigen Temperatur- und Feuchteverteilung, den horizontalen Winden sowie der auf- und absteigenden Luft, den Hoch- und Tiefdruckgebieten, dem Einfluß von Gebirgen und Tälern usw. Der Mond ist zwar mitbeteiligt, doch kommt ihm nur eine untergeordnete Rolle zu.

Analoges sollte für Menschen, Tiere und Pflanzen gelten, denn der Mondeinfluß ist lediglich ein Einflußfaktor von vielen, den man zwar wissenschaftlich herausfiltern kann, der aber im Konzert der vielen anderen Einflüsse im Alltag untergeht. Ich weiß, daß viele Menschen an einen direkten Einfluß des Mondes bzw. der Mondphasen auf ihr tägliches Leben glauben, und wer glaubt, braucht keine Beweise. In der wissenschaftlichen Wettervorhersage ist das anders, dort müssen sich die Einflüsse nicht nur im Grundsätzlichen über lange Zeiten zeigen, sondern auch im Einzelfall nachweisbar sein. Das aber sind sie, wie wir gesehen haben, nicht.

Folglich wären bei einer formalen Anwendung des Mondkalenders, d. h. der statistischen Zusammenhänge von Mondphasen und Bewölkung bzw. Niederschlag bei der Wettervorhersage erhebliche Fehlprognosen vorprogrammiert. Die Großwetterlage ist das Orchester, das die Musik macht. Die »Mondharfe« gehört zwar zum Orchester, geht aber im Konzert aller Instrumente unter. Dieser Umstand hängt nicht zuletzt mit der Frage zusammen, auf welche

Weise der Mond sich auf der Erde in rund 384.000 km Entfernung überhaupt auswirken kann.

Zum Abschluß der Betrachtungen stehen wir daher vor folgendem Problem: Es darf im statistischen Sinn als nachgewiesen gelten, daß der Mond einen Einfluß auf die Bewölkung und den Niederschlag ausübt. Doch liefert die Statistik keinen Anhaltspunkt, wie er das physikalisch macht.

Die Massenanziehungskraft des Mondes, die den täglichen Rhythmus der Meeresgezeiten hervorruft, kann in der Atmosphäre, wie gezeigt, vernachlässigt werden. Im Vergleich mit den normalen Luftdruckschwankungen der Wettersysteme sind die Wirkungen der fluterzeugenden Kräfte des Mondes auf das Luftdruckfeld verschwindend gering.

Auch der Einfluß des Mondes auf die Lufttemperatur auf der Erde ist völlig unbedeutend, denn der Mond ist ein kalter Himmelskörper, der keine eigene Wärme ausstrahlt. So hat die NASA festgestellt, daß bei Vollmond, wenn das vom Mond zur Erde reflektierte Sonnenlicht am stärksten ist, die Temperatur an der Erdoberfläche lediglich um 0,02°C höher ist, als bei Neumond. Wie wenig wetterwirksam ein derartiger Betrag ist, wird deutlich, wenn man bedenkt, daß in einer Stadt oder zwischen der Stadt und ihrem Umland ständig Temperaturunterschiede von mehreren °C, in den Abend- und Nachtstunden manchmal sogar bis zu 10°C herrschen.

Auch die größere Helligkeit in Vollmondnächten kann kaum einen Einfluß auf die Natur haben, denn nach Messungen entspricht ihre Stärke lediglich der Strahlung am Ende der abendlichen Dämmerung, also nach Sonnenuntergang (Regel 444).

Geheimnisvolle Auswirkungen könnten elektromagnetische Wellen haben, wie sie vor allem bei Gewittern entstehen. Aber gerade bei diesen, den sog. Sferics, haben die Berliner Daten keinen Zusammenhang mit den Mondphasen erkennen lassen.

Was bleibt also noch, um die gefundenen Zusammenhänge physikalisch zu erklären? Es bleibt beispielsweise die Hypothese, daß das Massenfeld Mond–Erde–Sonne den Zufluß von kosmischem Staub in die Erdatmosphäre mit den Mondphasen variiert, so daß dieser Effekt das Bindeglied zwischen Mond einerseits und dem Wettergeschehen andererseits darstellt. Der Mond würde damit keinen direkten, sondern einen indirekten Einfluß auf Atmosphäre und Wetter ausüben. Die Atmosphäre wiederum stellt das Bindeglied für den in den Regeln zum Ausdruck kommenden Mondeinfluß auf Menschen, Tiere und Pflanzen dar. Denn alles was lebt, steht in einem engen Zusammenhang mit dem Wetter und reagiert auf seine Veränderungen.

Es wäre vorstellbar, daß mit dem variierenden Zufluß von kosmischem Staub in die Atmosphäre unterschiedlich starke Druckwellen im Luftdruckfeld erzeugt werden, die in irgendeiner Weise die wettererzeugenden Prozesse beeinflussen.

Naheliegend ist auch folgender Gedanke: Der aus dem All unter bestimmten Umständen in die Atmosphäre verstärkt eindringende kosmische Staub reichert vor allem oberhalb von 5 km die normalerweise wolkenärmeren Bereiche der atmosphärischen Wetterschicht (Troposphäre) mit sog. Sublimations-/Kondensationskernen an, die neben dem Wasserdampf eine Grundvoraussetzung für die Bildung von Wolkentropfen und Eiskristallen sind. Dieses führt in den sehr kalten Luftschichten in 5–10 km Höhe zu einer verstärkten Bildung hoher Eiskristallwolken, also von Cirrusbewölkung. Ferner könnten Cumulonimbus-

und Nimbostratuswolken unter verstärkter Eiskristallbildung höher emporwachsen, also mächtiger werden. Auf diese Weise würde sich nicht nur zeitweise der Bedeckungsgrad des Himmels mit Wolken erhöhen, sondern auch die Intensität der Niederschlagsprozesse zunehmen, denn wie in Abb. 16 zu sehen ist, kann großtropfiger, intensiver Regen bei uns nur aus hochreichenden Eiswolken fallen.

Aus der Tatsache, daß der kosmische Staub durch die horizontalen Winde sowie durch die Aufwärts- und Abwärtsbewegung der Luft in die Wettersysteme einbezogen werden muß, bevor er wetterwirksam wird, ließe sich ferner plausibel erklären, warum die Maxima von Bewölkung und Niederschlag in der Regel nach Vollmond und nach Neumond zu beobachten sind. Auch könnte dies erklären, warum zwischen Mondphase und Bewölkungs- bzw. Niederschlagserhöhung zum Teil Verschiebungen bis zu einer Woche auftreten. Damit würde letztlich auch verständlich, warum eine tägliche Wetterprognose anhand des Mondkalenders ausgehen muß wie das berühmte »Hornberger Schießen«.

Die kosmische Staubhypothese wäre auch eine Erklärung für die zunächst etwas abenteuerlich klingende Regel 419, nach der die in die Atmosphäre eindringenden und als Sternschnuppen verglühenden Meteoritenschwärme Regen und Wind ankündigen.

# 11 Klimawandel in Mitteleuropa

Wie die Untersuchung der überlieferten Bauernregeln gezeigt hat, ist eine große Zahl von ihnen auch heute noch unverändert gültig. Jedoch finden sich auch solche Regeln, die heute offensichtlich nicht mehr anwendbar sind. Wollte man diese einfach als falsch erklären, täte man ganz sicher unseren Vorfahren Unrecht, denn es ist durchaus möglich, daß diese Regeln durch Klimaänderungen außer Kraft gesetzt worden sind. Witterungs- und Klimaregeln, die z. B. in einer kalten mittelalterlichen Klimaepoche aufgestellt worden sind, können im heutigen recht warmen Klimaabschnitt ihre Aussagekraft verloren haben. Dieses ist u. a. an der Regel über die Eisheiligen zu beobachten, deren Eintreten in den letzten 100 Jahren seltener geworden ist. Dagegen spielt das sog. Weihnachtstauwetter, also der Warmlufteinbruch zu oder kurz nach den Weihnachtstagen, seit dem letzten Jahrhundert eine größere Rolle als in früheren Zeiten. Um diese klimatischen Aspekte näher zu beleuchten und damit auch einen Beitrag zur aktuellen Klimadiskussion zu leisten, erscheint es angebracht, die Klimaentwicklung der letzten Jahrtausende in Mitteleuropa zu betrachten.

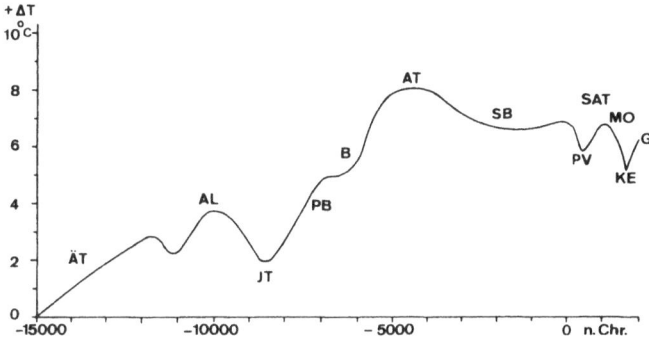

**Abb. 36.** Temperaturentwicklung in Mitteleuropa seit der letzten Eiszeit (abgeleitet aus Literaturangaben).

Der Höhepunkt der letzten Eiszeit in Norddeutschland, der Weichsel-Eiszeit, war etwa 18000 Jahre v. Chr. Danach setzte der endgültige Rückzug der mächtigen Eismassen nach Norden ein. Um 17000 v. Chr. war der Berliner Raum und um 15000 v. Chr. ganz Norddeutschland eisfrei. Zurück blieben zum einen die von den Eismassen flach gewalzte Grundmoränenlandschaft sowie zum anderen die großen Sandflächen, die von dem Schmelzwasser vor dem Eisrand gebildet worden waren.

Nach dem Eisrückzug setzte zunächst ein langsamer Temperaturanstieg ein. In Mitteleuropa stellte sich, wie Abbildung 36 zeigt, zunächst das Ältere (ÄT), danach das Jüngere (JT) Tundrenklima ein, d. h. unser damaliges Klima entsprach den Verhältnissen, wie sie heute nördlich des Polarkreises in Skandinavien, Sibirien, Kanada oder Alaska herrschen. Nur während weniger Monate im Jahr lag die Durchschnittstemperatur über 0 °C und selbst die Julimitteltemperatur blieb unter 10 °C. Nur Sträucher, Moose, Farne und Zwergbäume konnten unter diesen Klimabedingungen wachsen. Wälder mit hohen Bäumen gab es in dieser Zeit bei uns nicht.

Nach der Jüngeren Tundrenzeit setzte dann über die Klimaepochen Präboreal (PB) und Boreal (B) eine zügige Erwärmung bis zum sog. Atlantikum (AT) zwischen 4000–4500 v. Chr. ein, in dem eine höhere Temperatur als heute erreicht wurde. Mit der Erwärmung ging die Entwicklung der Vegetation einher. Zwar war schon etwa 12000 v. Chr. in der sog. Allerödzeit (AL) die Julitemperatur über +10 °C angestiegen, so daß sich lichte Nadel- und Birkenwälder entwickeln konnten, doch verschwanden diese wieder während der Jüngeren Tundrenzeit. Der erneute Temperaturanstieg führte etwa 7500 v. Chr. zu Durchschnittstemperaturen im Juli von 13 °C, so daß der Baumwuchs wieder einsetzte. Mit dem weiteren Temperaturanstieg und vor allem aufgrund des Umstands, daß nun in vier bis fünf Monaten die Mitteltemperatur über 10 °C lag, bildeten sich zusätzlich zu den anspruchslosen Nadel- und Birkenwäldern auch die klimatisch anspruchsvolleren Eichen- und Buchenwälder. Sie sind bis heute für die mitteleuropäische Klimaregion charakteristisch geblieben.

Seit dem Atlantikum, also seit rund 6000–6500 Jahren, befindet sich das Klima in Mitteleuropa auf einem recht hohem Temperaturniveau. Das bedeutet allerdings nicht, daß das Klima seither gleichmäßig verlaufen ist. Kältere und wärmere Perioden haben einander über das Subboreal (SB) und das Subatlantikum (SAT) bis heute abgewechselt. Recht warm war es um 218 v. Chr., als es Hannibal möglich war, mit Elefanten die Alpen zu überqueren, um gegen Rom zu ziehen. Warm war es auch um 1200 n. Chr., im sog. Mittelalterlichen Klimaoptimum (MO), als die Wikinger nach Westen aufbrachen und die eisfreie Küste von Grönland entdeckten.

Kalte Winter und kühle Sommer bestimmten dagegen das Klima zur Zeit der Völkerwanderung: Möglicherweise waren die damit verbundenen katastrophalen Ernten auch ein Anlaß, daß die germanischen Völker ihre nördliche Heimat verließen, um in wärmere südliche Gefilde zu ziehen. Relativ kalt war das Klima in Mitteleuropa während der mittelalterlichen Kleinen Eiszeit (KE). Sie begann etwa 1320 n. Chr. und dauerte rund 400 Jahre. Zwar gab es in diesem Zeitraum auch einige wärmere Jahrzehnte, doch überwogen an Härte und Dauer die kalten Perioden.

Ihren ersten Höhepunkt erreichte die Kleine Eiszeit um 1450; die durchschnittliche Jahrestemperatur sank in weiten Teilen Europas um 1–1,5 °C. Die Dramatik dieser abrupten Abkühlung läßt sich am deutlichsten am Zusammenbruch des Weinanbaus in Mittel- und Westeuropa erkennen. In Deutschland, wo zuvor auch in den nördlichen Regionen Wein angebaut werden konnte, zog sich der Weinanbau auf die klimatisch begünstigten Sonnenhänge im Süden zurück. In England verschwand der Weinanbau vollständig. Harte Winter und kühle, nasse Sommer mit verkürzten Vegetationsperioden veränderten die Landwirtschaft. In ungünstigen Anbaugebieten wurde der Ackerbau unrentabel, und in den Gebieten mit guten Böden gingen die Ernteerträge drastisch zurück. Die Marktpreise zogen entsprechend an, und die Bevölkerung hungerte. Unterernährung, Krankheiten und Seuchen wie Pest und Cholera waren die Folge dieser Kälteperiode. Die schlimmste Phase der Kleinen Eiszeit sollte jedoch noch kommen, und zwar zwischen 1550 und 1700. 1683/84 war der Winter so hart, daß die küstennahen Teile der Nordsee zufroren. In England brach der Ackerbau nahezu vollständig zusammen. Auch nach dem Ende der Kleinen Eiszeit ging die Berg- und Talfahrt des Klimas weiter. Es ist, wie wir gesehen haben, ein Irrtum zu glauben, es gäbe ein beständiges Klima. Das Klima ist immer im Wandel begriffen und wird es auch in Zukunft immer sein. Die Veränderung ist geradezu das Normale in unserem Klimasystem.

# 12 Klimazeugen der Vergangenheit

Da erst seit der Erfindung des Thermometers im 17. Jahrhundert exakte Klimabeobachtungen möglich sind, stellt sich zwangsläufig die Frage, woher die Wissenschaft ihre Kenntnisse über die Klimaentwicklung der Vergangenheit hat. Dazu hat sie eine Reihe indirekter Methoden entwickelt, um auf diese Weise angenäherte Angaben über die Temperaturverhältnisse früherer Zeiten zu bekommen. Solche (Proxy-)Daten lassen sich z. B. aus den mittelalterlichen Aufzeichnungen über die jährlichen Ernteerträge bzw. Korn- oder Weinpreise ableiten. Hohe Marktpreise weisen auf schlechte Ernten bzw. ungünstige Witterungsbedingungen, niedrige Marktpreise auf gute Ernten bzw. gute Witterungsbedingungen hin. In den Ernteregeln (Kap. 6) wird dieser Zusammenhang zwischen Witterung und Ernteertrag deutlich zum Ausdruck gebracht. Auch sind in den mittelalterlichen Annalen zahlreiche Hinweise über außergewöhnliche Wetterereignisse (Winterhärte, Überschwemmungen, Dürren usw.) zu finden.

Eine weitere Möglichkeit, den jährlichen Witterungscharakter abzuschätzen, besteht darin, Baumringe zu untersuchen (Dendrochronologie), denn jeder

Jahresring spiegelt die Witterungsverhältnisse zur Vegetationszeit wider. So legt der Baum in Jahren mit günstigen Witterungsbedingungen einen breiteren Wachstumsring an als in ungünstigeren Jahren. Durch Vergleich von Temperatur- und Niederschlagsmessungen der letzten 200-300 Jahre und den Baumringen in dieser Zeit erhält man ein Verfahren, mit dem aus den Baumringen sehr alter Bäume auf das Klima in früheren Jahrhunderten geschlossen werden kann.

Eine wichtige Methode, um die klimatischen Verhältnisse von zehn- bis hunderttausenden von Jahren abzuschätzen, stellt die sog. Pollenanalyse dar. Sie beruht auf dem Blütenstaub früherer Klimazeiträume, der in den Bodenablagerungen, den Sedimenten, der Vergangenheit zu finden ist. In Mulden und Becken, in Flüssen und im Ozean kommt es zu jeder Zeit zu sandigen bzw. schlammigen Ablagerungen. Mulden werden mit der Zeit aufgefüllt, Flußbetten erhöht. Die untersten Ablagerungsschichten sind die ältesten, die oberen die jüngsten. In jeder Schicht befindet sich auch Blütenstaub der zu dieser Zeit vorhandenen Pflanzenwelt, also der Gräser, Sträucher, Moose, Farne und Bäume. Entnimmt man den abgelagerten Schichten einen längeren Bohrkern und zerlegt ihn in kleine Teilstücke, so läßt sich zunächst mit Hilfe der Radioaktivitätsmethode das Alter eines jeden Teilstücks bestimmen. Dann wird der in den Teilstücken befindliche Blütenstaub (Pollen) analysiert. Findet man dabei z. B. in der 15000 Jahre alten Bodenprobe nur Pollen von Farnen, Moosen und Sträuchern, aber nicht von Bäumen, so muß zu dieser Zeit ein Klima geherrscht haben, wie es heute in den Tundrenregionen auf unserer Erde angetroffen wird, d. h. es muß bei uns vor 15000 Jahren ein Tundrenklima geherrscht haben. Sind in der Sedimentschicht aber auch

Pollen von Bäumen vorhanden, so kann daraus, je nach Baumarten, auf wärmere Klimaverhältnisse geschlossen werden.

Abschließend sei noch die Methode der Eisbohrkerne erwähnt, mit der das Klima von Jahrhunderttausenden bis Jahrmillionen abgeschätzt werden kann. Das Verfahren ähnelt in gewissem Maße der Pollenanalyse. Untersucht werden mächtige Eisbohrkerne, die aus dem Eis Grönlands und der Antarktis gezogen werden, wobei das zuunterst befindliche Eis das älteste, das zuoberst befindliche das jüngste ist. Das Alter der in unterschiedlicher Tiefe befindlichen Eisschichten wird wiederum mit der Radioaktivitätsmethode bestimmt. Dann wird der Sauerstoff der einzelnen Eisteilstücke analysiert, um die Temperatur zu bestimmen, bei der sich die einzelnen Eisschichten in früheren Zeiten gebildet haben. Je nach dem in den einzelnen Eisschichten vorhandenen Verhältnis von schwererem zu leichterem Sauerstoff lassen sich mit dieser sog. Isotopenmethode Eiszeiten und Warmzeiten bestimmen.

Erst seit 300 Jahren ist die Klimaforschung nicht mehr auf indirekt ermittelte Temperaturwerte angewiesen. Tägliche Klimabeobachtungen lassen seither eine exakte Betrachtung der Klimaveränderungen zu. In Abbildung 37 sind die 10-jährigen Durchschnittstemperaturen für Mitteleuropa von 1790 bis zum Jahr 2000 dargestellt, ermittelt aus den Klimabeobachtungen von Berlin, Basel, Prag und Wien. Wie zu erkennen ist, waren die 1790er Jahre in Mitteleuropa überwiegend warm. Danach setzte eine deutliche Abkühlung bis 1850 ein. Seither steigt die Temperatur wieder, aber erst nach 140 Jahren erreichte sie in den 1990er Jahren wieder den Temperaturwert der 1790er Jahre.

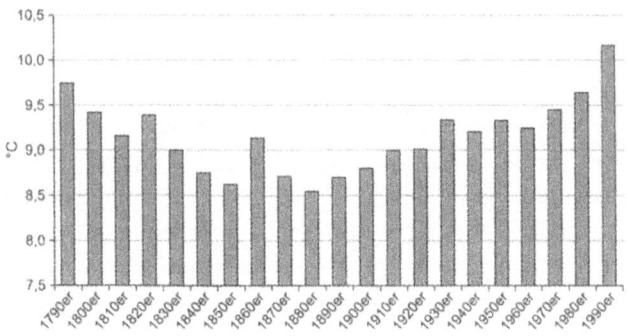

**Abb. 37.** 10-Jahresmittel der Temperatur in Mitteleuropa 1790–1999. Trend seit 1850: +0,08 °C/10a.

Über die Ursachen von Klimaänderungen wird in der Klimawissenschaft derzeit intensiv geforscht. Im Vordergrund steht dabei die Frage nach dem Grund für die Erwärmung seit 1850. Dabei gibt es zwei Standpunkte. Zum einen könnte die Erwärmung seit 1850 wesentlich durch den Menschen verursacht worden sein, indem er den natürlichen Treibhauseffekt der Erde seit dem Beginn der Industrialisierung durch die Emission von Kohlendioxid verstärkt hat. Erzeugt wird Kohlendioxid ($CO_2$) bei der Verbrennung von Kohle, Erdöl und Erdgas. Auch die wachsende Weltbevölkerung trägt durch verstärkten Reisanbau und intensive landwirtschaftliche Düngung zur Freisetzung von Treibhausgasen (Methan, Distickstoffoxid) bei.

Es gibt jedoch auch begründete Zweifel an der noch nicht bewiesenen These, daß der Mensch der primäre Verursacher der globalen Erwärmung seit 150 Jahren ist. Wie wir gesehen haben, hat es zu allen Zeiten Klimaänderungen gegeben. Ihre Ursachen sind seit Jahrmillionen das Zusammenwirken zahlreicher natürlicher Einflußfaktoren. Zu diesen gehören z. B. Änderungen der Sonnenstrahlung, der Ozeantemperatur, der Vulkantätigkeit, der Eis- und Vegetationsverhältnisse. Alle diese Prozesse wirken heute ebenso wie in früheren Zeiten. Wie aus Abbildung 37 hervorgeht, war es vor 200 Jahren nachweislich genauso warm wie heute, allerdings fuhr man damals noch mit der Postkutsche, und die Industrialisierung begann erst 50 Jahre später. Die höheren Temperaturen der 1790er Jahre sind folglich allein durch natürliche Prozesse in unserem Klimasystem hervorgerufen worden. Ganz unwahrscheinlich ist es, daß diese seit 1850 nicht mehr wirken und nur der Mensch das Klima beeinflußt. Wie jüngste Untersuchungen (auch des Autors) gezeigt haben, hat sich seit 1850 die Sonnenaktivität fortlaufend erhöht. Die Sonnenstrahlung ist aber der wichtigste Motor in unserem Klimasystem. Man muß daher davon ausgehen, daß die veränderte Sonnenaktivität einen maßgeblichen Anteil an der Erwärmung von 1850 bis heute hat und daß der Mensch nur einen sekundären Einfluß ausgeübt hat.

Der ständige Klimawandel macht deutlich, wie komplex das Klimasystem der Erde ist. Die heutige Klimawissenschaft ist noch weit davon entfernt, das vielfältige Zusammenwirken aller klimarelevanten Prozesse verstanden zu haben. Viele Fragen sind noch offen. Bis zu ihrer Beantwortung sollte der Mensch bei Eingriffen in die Atmosphäre nach dem Vorsorgeprinzip handeln, allerdings mit Augenmaß, denn zu einer Dramatisierung gibt es, wie auch das nachfolgende Kapitel belegt, nach heutigem Erkenntnisstand keinen Grund.

# 13 Außergewöhnliche Wetterereignisse

Im Sommer 2002 ist Deutschland von zwei außergewöhnlichen Wetterereignissen heimgesucht worden. Am 10. Juli überquerte eine Gewitter- und Sturmfront (Kaltfront) Deutschland von Westen nach Osten. Während an diesem Tag im Rheinland die Mittagstemperaturen nur bei 15 °C lagen, hatte sich die schwülwarme Luft im Berliner Raum bis auf 35 °C aufgeheizt. Dieser Temperaturunterschied von 20 °C auf 500 km Entfernung führte zu einem zerstörerischen Unwetter. Selbst mächtige Bäume wurden von dem Orkan entwurzelt oder wie Streichhölzer geknickt, auch Menschenleben waren zu beklagen.

Mitte August 2002 kam es dann zum Jahrhunderthochwasser der Elbe. Ausgelöst wurde die Flut dadurch, daß sich das Azorenhoch, das normalerweise dem Mittelmeerraum warmes und sonniges Sommerwetter bringt, auf den Atlantik zurückgezogen hatte. Dadurch konnte grönländische Polarluft ins Mittelmeer vorstoßen, wodurch sich dort ein mächtiges Tief entwickelte. Als dieses sich über die Alpen nordwärts ausdehnte, kam es in der Quellregion der Elbe und ihrer Nebenflüsse aus kilometerhohen Wolkentürmen zu anhaltenden Starkregenfällen. Die Hochwasserkatastrophe nahm ihren Lauf.

Ausgelöst durch diese extremen Wettersituationen entwickelte sich in Wissenschaft, Medien und Öffentlichkeit eine lebhafte Diskussion, ob diese Wetterereignisse noch »normal« seien, also gewissermaßen eine Laune der Natur, oder ob sie als Vorboten einer Klimakatastrophe angesehen werden müssen. Eine ähnliche Diskussion hatten wir schon zu Beginn der 1990er Jahre aufgrund der ungewöhnlich warmen Winter. Bei der Untersuchung der früheren Winter in Mitteleuropa, stieß ich u. a. auf folgenden, rund 200 Jahre alten Text:

»Der warme Winter von dem Jahre 1806 auf das Jahr 1807 hat viel Verwunderung erregt und den armen Leuten wohlgetan. Solche Zeiten sind selten, aber nicht unerhört, und man zählt in den alten Chroniken seit 700 Jahren 28 dergleichen Jahrgänge. Im Jahr 1289, wo man von uns noch nichts wußte, war es so warm, daß die Jungfrauen um Weihnacht und am Dreikönigstag Kränze von Veilchen, Kornblumen und anderen trugen. Im Jahr 1420 war der Winter und das Frühjahr so gelind, daß im März die Bäume schon verblühten. Im April hatte man schon zeitige Kirschen, und der Weinstock blühte. Im Mai gab es schon ziemliche Trauben-Beerlein. Im Winter 1538 konnten sich auch die Mädchen und Knaben im Grünen küssen, wenn´s nur mit Ehren geschehen ist, denn die Wärme war so außerordentlich, daß um Weihnachten alle Blumen blühten. Im Jahre 1617 und 1659 waren schon im Jänner die Lerchen und die Drosseln lustig. Im Jahre 1722 hörte man im Jänner schon wieder auf, die Stuben einzuheizen.«

Diese historische, den damaligen Zeitgeist widerspiegelnde Schilderung vermittelt eine erste Vorstellung über ungewöhnliche Wetter- bzw. Witterungserscheinungen in früheren Jahrhunderten. Um die gegenwärtigen extremen Wettererscheinungen besser einordnen zu können, erscheint es angebracht, einen (auszugsweisen) Überblick über außergewöhnliche Wetterereignisse in der Vergangenheit zu geben. Die Grundlage dafür ist der »Katalog bemerkenswerter Witterungsereignisse« bis 1800 von R. Hennig aus dem Jahr 1904 (Asher & Co). Während die Angaben im Altertum und im frühen Mittelalter noch recht spärlich sind, ist die Dokumentation außergewöhnlicher Wetterereignisse in den letzten Jahrhunderten sehr umfangreich.

# 14 Chronik außergewöhnlicher Wetterereignisse

## v. Chr.

| | |
|---|---|
| 1537 ca. | Große Überschwemmung in Thessalien |
| 1212 ca. | Große Nilüberschwemmung |
| 737 | Blutregen in Rom (durch Saharastaub rötlich gefärbter Regen) |
| 428 | Große Dürre in Italien |
| 329 | Das Heer Alexanders wird vor Babylon von Wolkenbrüchen und Überschwemmungen heimgesucht |
| 226 | Sechs Monate Dürre in Italien |
| 223 | Sehr strenger Winter in Italien |
| 212 | Schwere Stürme über Italien |
| 120–114 | Schwere Sturmfluten an der Nordsee; könnte der Anlaß gewesen sein, daß Cimbern und Teutonen ihre Heimat im Nordseegebiet verließen und nach Süden zogen |

| | |
|---|---|
| 89/88 | Extrem kalter Winter in Italien; tausende Menschen kommen ums Leben |
| 55 | Schwerer Sturm bei Caesars Landung in Britannien |
| 44 | Im März schwere Unwetter in Italien mit Gewitter, Hagel, Schneefall und Überschwemmungen |

**n. Chr.**

| | |
|---|---|
| 5–51 | Vier große Tiberüberschwemmungen |
| 60 | Große Sturmflut an der Küste Frankreichs und Britanniens |
| um 80 | Mehrjährige extreme Dürre in Mittelasien |
| 119 | Große Nilüberschwemmung |
| 169–174 | Wiederholte Überschwemmungen in Italien |
| 220 | Sehr strenger Winter mit fünf Monaten Dauerfrost in Britannien |
| 260 | Gewaltige Sturmflut verwüstet Küstenstädte in Kleinasien |
| 261 | Große Überschwemmungen in Gallien |
| 291 | Flüsse in Britannien sind sechs Wochen lang zugefroren |
| 333/334 | Schwere Sturmflut an der holländischen Nordsee; zahlreiche Küstenorte zerstört |
| 366 | Extrem strenger Winter in Mitteleuropa; der Rhein ist zugefroren |

| | |
|---|---|
| 400/401 | Rhein und Donau sind zugefroren |
| 403–409 | Wiederholte Hagelunwetter in Konstantinopel |
| 484 | Große Dürre in Afrika und Südeuropa; viele Flüsse trocknen aus |
| 497 | Große Überschwemmungen in Italien |
| 508 | Strenge Winter in Britannien mit monatelang zugefrorenen Flüssen |
| 516 | Ungeheure Sturmflut in Friesland mit über 600 Toten |
| 520 | Im September 20 Tage lang Starkregen mit Überschwemmungen in Gallien und Italien |
| 533 | Dreitägiger Orkan mit Sturmflut in Friesland |
| 557/558 | Strenger Winter; die Hunnen überschreiten die zugefrorene Donau |
| 566 | Tiber-, Rhone- und Saone-Überschwemmungen |
| 570 | Große Sturmflut in Friesland |
| 588 | Große Überschwemmungen in Deutschland |
| 606/607 | Wiederholte Überschwemmungen in Italien |
| 625 | Ungeheure Sturmflut in Friesland |
| 637 | Trocken-heißer Sommer in Gallien; Flüsse ohne Wasser |
| 664 | Sehr strenger Winter in weiten Teilen Europas |
| 694 | Große Rheinüberschwemmung |
| 717/718 | Extrem strenger Winter in Teilen Europas |
| 738 | Trocken-heißer Sommer in Europa |
| 761 | Große Sommerdürre in Böhmen |

| | |
|---|---|
| 763/764 | Extrem strenger Winter in Europa |
| 792 | Starkregen zerstört die Kanäle, durch die Karl der Große Rhein und Donau verbinden wollte |
| 840 | Rheinüberschwemmung |
| 851 | Dürre in Deutschland und Italien |
| 855 | Viele Gewitterstürme und Hagelunwetter in Deutschland |
| 860 | Schwere Frühjahrsstürme an der Nordsee |
| 875 | Im Juli extrem heftige Wolkenbrüche in Sachsen |
| 886 | Große Rheinüberschwemmung |
| 889 | Wolkenbrüche und Überschwemmungen in Thüringen |
| 892/893 | Strenger Winter mit Schneefällen bis in den März in Deutschland |
| 900 | In Belgien und Holland schwere Regenfälle mit Überschwemmungen |
| 933 | Ein Wirbelwind bringt in Trier eine Kirche zum Einsturz |
| 945 | Langer strenger Winter im südlichen Mitteleuropa |
| 962–1000 | Wiederholt große Sommerdürre in Böhmen |
| 998 | Schwere Gewitter in Sachsen |
| 1012 | Große Rhein- und Donauüberschwemmung |
| 1020 | Schwere Überschwemmung von Elbe, Weser und Rhein |
| 1038 | Nach ungewöhnlicher Wärme schweres Gewitter am 1. Weihnachtstag in Goslar |

| | |
|---|---|
| 1042 | Im Januar schwere Regenfälle und Sturmflut an der Nordsee |
| 1044/1045 | Strenger, schneereicher Winter in Deutschland |
| 1059 | Extreme Überschwemmung in Böhmen und Sachsen |
| 1081 | Weihnachtsorkan über Deutschland |
| 1082 | Heißer Sommer in Mitteleuropa |
| 1093 | Gewitterstürme und Überschwemmungen in Deutschland |
| 1099 | Ungewöhnliche Kälte das ganze Jahr über in Deutschland |
| 1112 | Im Mai noch starker Schneefall in Sachsen |
| 1021/1022 | Überschwemmungen im östlichen Deutschland |
| 1022/1023 | Ungewöhnlich warmer Winter |
| 1156 | Große Überschwemmungen in vielen Ländern Europas |
| 1161 | Hagelunwetter in Meißen |
| 1162 | Große Weserüberschwemmung |
| 1174 | Frühjahr und Sommer so kalt und regnerisch, daß Getreide und Wein verderben |
| 1186 | Außergewöhnlich milder Winter in Mitteleuropa; im Januar blühen die Bäume, im Februar tragen sie große Äpfel, im Mai werden Feldfrüchte und Getreide geerntet |
| 1200 | Große Sturmflut in Friesland; 100.000 Menschen sollen ertrunken sein |
| 1204 | Orkanartige Gewitterstürme in Böhmen |

| | |
|---|---|
| 1209 | Im Sommer Überschwemmungen in Oldenburg |
| 1221 | Große Überschwemmungen in Polen |
| 1230, 1240 | Ungeheuere Sturmflut an der Nordsee |
| 1237 | Schweres Gewitter- und Hagelunwetter in Köln |
| 1261 | Große Überschwemmungen durch Donau und Rhein |
| 1264 | In Prag bringt ein Sturm mehrere Kirchtürme zum Einsturz |
| 1277 | Schwere Sturmflut an der Nordsee |
| 1288 | Sturmflut an der Nordsee, Orkan im westlichen und südlichen Deutschland |
| 1289 | Ungewöhnlich warmer Winter |
| 1312 | Donauüberschwemmung |
| 1322 | Ungewöhnlich große Mainüberschwemmung |
| 1331 | Nach mildem Winter große Weichselüberschwemmung |
| 1347 | Schädliche Nachtfröste in Mitteldeutschland im September |
| 1376 | Weichselüberschwemmung |
| 1385/1386 | Rheinüberschwemmung zur Weihnachtszeit |
| 1387 | Große Überschwemmung im östlichen Mitteleuropa |
| 1390 | Weihnachtsstürme in ganz Mitteleuropa, zum Teil mit Gewittern |
| 1403 | Hagelunwetter in Augsburg |
| 1404 | Sehr strenger Winter in Frankreich und im südlichen Mitteleuropa |
| 1405 | Überschwemmungen in Österreich |

| | |
|---|---|
| 1410 | Heftiger Januarsturm in Mitteleuropa |
| 1412 | Große Überschwemmungen in Preußen |
| 1420 | Außergewöhnlich warmes Winterhalbjahr in Deutschland |
| 1425 | Elbeüberschwemmung |
| 1426 | Im Juni schwerer Gewittersturm mit Hagel im Raum Würzburg |
| 1429/1430 | Langer, schneereicher Winter im östlichen Mitteleuropa; zugefrorene Weichsel |
| 1432–1443 | Gehäuft strenge Winter |
| 1444 | In der Schweiz drei Tage lang starker Schneefall im August |
| 1452, 1461 | Überschwemmung in Nürnberg |
| 1458 | Strenger, schneereicher Winter mit zugefrorener Donau |
| 1477 | Novembersturmflut an der Nordsee |
| 1480 | Überschwemmungen im östlichen Mitteleuropa |
| 1491 | Sehr strenger, langer Winter; Ostsee bis Mai zugefroren |
| 1507 | Schwere Hagelunwetter in Böhmen, am Neckar und im Elsaß |
| 1513/1514 | Äußerst strenger Winter |
| 1525 | Sturmflut in Friesland |
| 1528 | Heftiger Februarsturm in Bayern |
| 1531 | Wiederholte Donauüberschwemmungen |
| 1537 | Überschwemmung der Elbe im Februar und September |
| 1538 | Ungewöhnlich milder Winter |
| 1549 | Schwere Gewitter in vielen Teilen Deutschlands |

| | |
|---|---|
| 1552 | Weserüberschwemmung |
| 1555 | Kaltes, regenreiches Jahr mit verbreiteten Überschwemmungen |
| 1566 | Überschwemmungen in Ostdeutschland und Böhmen |
| 1582 | Stürme in Brandenburg, Überschwemmung in Prag, Gewittersturm in Thüringen |
| 1587 | Ende Mai in ganz Mitteleuropa Frost und viel Schnee |
| 1600 | Extreme Winterkälte; alle Flüsse Mitteleuropas zugefroren |
| 1602 | Große Mainüberschwemmung |
| 1617 | Ungewöhnlich warmer Winter |
| 1625/1626 | Schwere Sturmflut an Nord- und Ostsee |
| 1643 | Große Main- und Weserüberschwemmung |
| 1650 | Hagelunwetter in Basel |
| 1657 | Hochwasser an Rhein, Main und Donau |
| 1659 | Außergewöhnlich milder Winter |
| 1667 | Extreme Kälte; viele Flüsse Mitteleuropas zugefroren |
| 1692 | Schneereicher Winter, Überschwemmungen von Rhein und Donau |
| 1702 | Orkanartige Winterstürme über Europa |
| 1722 | Schwere Hagelunwetter im südlichen Mitteleuropa |
| 1736 | Überschwemmungen im östlichen Mitteleuropa |
| 1750 | Sommerdürre in Böhmen |
| 1755/1756 | Ungewöhnlich warmer Winter |

| | |
|---|---|
| 1764 | Strenger Winter; Rheinüberschwemmung |
| 1771 | Überschwemmung der Elbe |
| 1784/1785 | Extrem strenger und langer Winter; Kleiner Belt zugefroren |
| 1806/1807 | Ungewöhnlich warmer Winter in Deutschland |
| 1845 | Große Elbeüberschwemmung |
| 1897 | Große Oderflut |
| 1928/1929 | Extrem kalter Winter in Deutschland; Flüsse und Bodensee zugefroren |
| 1954 | Großes Donauhochwasser |
| 1993, 1995 | Rhein- und Moselüberschwemmung |
| 1997 | Außergewöhnliches Oderhochwasser |
| 2002 | Jahrhundertflut der Elbe |

Wie diese Auswahl mit aller Deutlichkeit zeigt, hat es zu allen Zeiten und unter allen Klimabedingungen extreme Wetter- und Witterungserscheinungen gegeben. Dieses gilt sowohl regional als auch global. Die Atmosphäre hat zu jeder Zeit eine Vielzahl von Entwicklungsmöglichkeiten. Je nach Zusammentreffen der wetterbestimmenden Faktoren kann sie uns einen durchschnittlichen, kalten oder warmen Winter, einen trockenen und sonnigen oder wolkenreichen und verregneten Sommer bescheren. Im allgemeinen wirken die Wetterelemente so zusammen, daß die gewohnten »normalen« und wenig spektakulären Wetter- und Witterungsabläufe die Folge sind, d. h. normale Hochs und Tiefs unser Wetter bestimmen.

In seltenen Fällen treten jedoch im atmosphärischen Wetterroulette Konstellationen auf, deren Zusammenwirken zu extremen Wetterereignissen führt.

Dann ziehen Orkane oder Hagelunwetter über das Land, entwickeln sich Winterkälte oder Sommerhitze, Dürreperioden oder Überschwemmungen. Ein griechischer Philosoph hat einst gesagt: »Die Natur würfelt nicht.« Er irrt, wenn man die Atmosphäre betrachtet. Spätestens seitdem wir wissen, daß die langfristigen atmosphärischen Vorgänge nur mit der Chaos-Theorie zu verstehen sind, hat das Wetter auch für die moderne Meteorologie etwas Unberechenbares, Sprunghaftes, nach menschlichen Maßstäben Launenhaftes bekommen.

Außergewöhnliche Wetterereignisse sind »Launen der Natur«, bleiben aber natürliche Vorgänge. Allein ihre Auswirkungen können zu einer Katastrophen führen. Dieses gilt insbesondere, wenn der Mensch betroffen ist.

Schon im Altertum galt im Zweistromland von Euphrat und Tigris der Satz: »Wasser nützen – sich vor dem Wasser schützen«. Das Siedeln am Fluß hat viele Vorteile, vor allem hinsichtlich Wasserversorgung für Mensch und Landwirtschaft, für Handel und Verkehr. So ist es nicht verwunderlich, daß Städte und Dörfer längs der Flüsse wie Perlen an einer Schnur aufgereiht sind. Seit alters her weiß man aber auch um die Gefahren bei Hochwasser und nimmt das Risiko in Kauf. Allerdings waren die Schäden durch Überschwemmung in früheren Zeiten weitaus geringer als heute. So war einerseits die Bevölkerungsdichte geringer. Anderseits hatten die Flüsse noch ihre Auen als natürliche Auslaufgebiete bei Hochwasser und die langgezogenen Schleifen, die Mäander, zum Abbremsen der Fließgeschwindigkeit. Mit der zunehmenden Bevölkerungsdichte begann der Mensch in die natürlichen Verhältnisse immer stärker einzugreifen. Er besiedelte die Auen, begradigte und verlegte

Flußläufe und rückte mit seinen Siedlungen immer dichter an den Strom heran.

Auf diese Weise ist der Mensch ein immer größeres Risiko eingegangen. Im Vertrauen auf die Deiche wähnt er sich in Sicherheit. Aber jeder Deich altert, jeder Fluß erhöht durch seine sandigen Ablagerungen im Laufe der Zeit sein Flußbett, jede Flußbegradigung kann zu einer stärkeren Flutwelle (auch bei gleichstarken Niederschlägen) führen. Wirtschaftliche und technische Aspekte sind es andererseits, die bei Bau und Wartung der Deiche eine Rolle spielen. So bleibt auch bei einem scheinbar perfekten Deich immer ein Restrisiko. Je perfekter der Deich erscheint, je mehr sich der Mensch auf die Technik verläßt, um so katastrophaler werden die Auswirkungen, wenn der Deich an seiner schwächsten Stelle bricht. In früheren Zeiten weidete nahe dem Fluß das Vieh; heute siedeln dort Menschen und haben dort Milliardenwerte angehäuft. Ein Naturereignis wird zur Katastrophe, wenn der reißende Fluß das Land überschwemmt. Durch höhere Deiche läßt sich die Häufigkeit von Überschwemmungen verringern, ganz ausschalten werden sie sich niemals lassen. Dieses gilt für alle Naturkatastrophen. Die Technik wird die Natur niemals vollständig beherrschen können, dessen muß sich der Mensch bewußt sein.

## 15 Schlußbetrachtungen

Faßt man die Ausführungen über die Wege unserer Vorfahren, eine Prognose über die Wetter-, Witterungs- und Ernteentwicklung zu machen, zusammmen, so reicht die Spannweite vom meteorologischen Aberglauben über falsche Kausalitätsprinzipien bis zu sehr guten naturwissenschaftlichen Wetter- und Witterungsbeobachtungen. Die Bauern-Praktik mit ihren wetterbestimmenden 12 heiligen Tagen/Nächten zwischen Weihnachts- und Heiligdreikönigtag für das Folgejahr bzw. dem Zusammenhang von Christtag und Wochentag einerseits und dem Wetter eines Gesamtjahres andererseits sind reiner Aberglaube. Beim 100jährigen Kalender, nach dem sich der Wettercharakter eines Jahres im 7jährigen Rhythmus wiederholen soll, wird fälschlicherweise den Planeten ein entscheidender Wettereinfluß zugeschrieben. Bauern-Praktik und 100jähriger Kalender sind daher beide naturwissenschaftlich nicht haltbar und für eine Wetter- bzw. Witterungsvorhersage unbrauchbar.

Anders verhält es sich dagegen mit den Bauernregeln. Sie sind grundsätzlich das Ergebnis einer sehr guten Wetterbeobachtung. Die Wetter- und Witterungsregeln gehen jeweils von einem herrschenden oder gewesenen Wetterzustand aus und versuchen da-

**Abb. 38.** Sommersmog unter einer Inversion (Sperrschicht), die von einer Kühlturmfahne durchbrochen wird.

von, ohne Kenntnis der komplexen Abläufe in der Atmosphäre, eine bestimmte Wetterentwicklung allein aufgrund der Erfahrung abzuleiten.

Die Wetterregeln orientieren sich dabei an den vielfältigen Wetterzeichen wie Wind, Wolken, optische Erscheinungen, die Vorboten für eine bestimmte Wetterentwicklung sind. Mit diesen Regeln läßt sich in vielen, aber nicht in allen Fällen eine recht gute Wetterabschätzung durchführen. Es wird berichtet, daß während des Krieges, als Wetterdaten aus dem Ausland nicht verfügbar waren, erfahrene Naturbeobachter wie z. B. Schäfer das Wetter für die nächsten 6 bis 24 Stunden mit einer Trefferquote von rund 75 % abgeschätzt haben. Für gute Wetterbeobachter gilt das natürlich auch heute noch.

Noch erstaunlicher sind die Ergebnisse vieler Witterungsregeln, denn sie sagen etwas über die komplizierte Wetterentwicklung auf Wochen und Monate im voraus aus. Manche davon sind leichter zu verstehen, wie z. B. Aussagen, die auf der Erhaltungsneigung des Wetters basieren, andere sind schwer zu durchschauen.

Die Eintreffwahrscheinlichkeit der Witterungsregeln ist sehr unterschiedlich. Sie liegt vielfach bei 65 %, d. h. die Regel führt bei 2 von 3 Fällen zu einer in der Tendenz richtigen Vorhersage. Regeln mit einer Trefferquote von 80 % oder sogar 90 % sind von bemerkenswerter Qualität. Aber es gibt auch viele Regeln, deren Trefferquote bei 60 % oder darunter liegt. Kann man mit diesen Regeln überhaupt etwas anfangen? 6 von 10 Fällen ist nur ein Treffer mehr, als der statistische Zufall mit 50 : 50 (%) liefert. Erkennbar wird hierbei nur ein Trend, denn es gibt bei diesen Regeln sehr viele »Ausnahmen von der Regel«.

Aber gerade die Regeln mit der geringen Trefferquote um 60 % sind es, die die hervorragende Naturbeobachtung unserer Vorfahren beweisen, denn diese Zusammenhänge sind ja viel schwerer in der verwirrenden Vielzahl von Wetterereignissen zu erkennen als die Regeln mit hoher Eintreffwahrscheinlichkeit.

Das ausgezeichnete Wissen unserer Vorfahren über das Klima ihrer Heimat kommt in den kalendergebundenen Klimaregeln zum Ausdruck. Auch wenn das Wetter sich natürlich nicht an ein Kalenderdatum hält, so gibt es doch in den einzelnen Monaten bzw. Jahreszeiten ganz charakteristische Witterungserscheinungen, sog. Singularitäten, wie z. B. Schafskälte oder Altweibersommer. Ohne jede Möglichkeit zu quantitativen Messungen wurden diese erkannt und in Form der Klimaregeln von Generation zu Generation weitergegeben. Den jeweiligen Lostag darf man dabei nicht zu eng sehen. Er hatte, wie gezeigt, in erster Linie einen Merkcharakter. Abweichungen um einige Tage nach vorne oder hinten liegen in der Natur der Sache.

Besonders betont werden muß, daß es nicht gegen die Bauernregeln insgesamt spricht, wenn ein Teil von ihnen in ihrer Aussage nicht bestätigt werden konnte. Dies kann mehrere Ursachen haben. Zum einen müssen die Regeln nicht überall gelten. Küste und Gebirge, westliches und östliches Mitteleuropa haben neben vielen Gemeinsamkeiten auch ihre speziellen Wetter- und Klimabedingungen. Viele Regeln sind in anderen Dialekten übernommen worden und können dort eine andere Eintreffwahrscheinlichkeit haben. Das Entstehungsgebiet der meisten Regeln liegt ebenso im dunkeln wie der oder die Entdecker der Zusammenhänge. Zum anderen hat es in Mitteleuropa seit dem frühen Mittelalter beachtliche klimatische Schwankungen gegeben. So folgte z. B. dem Wärmemaximum um 1200 n. Chr. die sog. »kleine Eiszeit« von 1300 bis 1700 n. Chr. Dadurch können einige Regeln ihre Gültigkeit verloren haben. Auch sind einige Regeln durch die Weitergabe, die Überführung in Reimform und die Wiedergabe in den Sammlungen in ihrem Sinn verändert worden. Die vielen, in ihrer Tendenz richtigen Bauernregeln beweisen den soliden Kern ihrer Aussagen.

Zusammenfassend läßt sich daher feststellen, daß die Bauernregeln als Teil der Kulturgeschichte unseres Volkes bis auf den heutigen Tag von ihrer Faszination und Aktualität nichts eingebüßt haben.

# Literatur

Baur F (1948) Einführung in die Großwetterkunde. Wiesbaden
Baur F (1956) Physikalisch-statistische Regeln als Grundlage für Wetter- und Witterungsvorhersage. Akademische Verlagsgesellschaft, Frankfurt/M
Baur F (1972) Langfristige Witterungsvorhersage. Wissenschaftliche Verlagsgesellschaft, Stuttgart
Bernhardt K-H (1959) Hundertjähriger Kalender und Bauernregeln. Urania, Leipzig/Jena
Bisolli P (1991) Eintrittswahrscheinlichkeit und statistische Charakteristika der Witterungsregelfälle in der Bundesrepublik Deutschland und West-Berlin. Inst. f. Meteorologie u. Geophysik, Univ Frankfurt
Brondegard VJ (1987) Heidekraut, Esche und Eiche als Wetterpropheten. Naturwiss Rdsch 40
Finck A (1985) Nasse und trockene Sommer in früheren Jahrhunderten. Christiana Albertina 20 (N.F.), Kiel
Flohn H (1954) Witterung und Klima in Mitteleuropa. Forschung zur dtsch Landeskunde, 78, Stuttgart
Frankenberg (1984) Ähnlichkeitsstrukturen von Ernteertrag und Witterung in der Bundesrepublik Deutschland. Erdwiss. Forschung, 17, Wiesbaden
Gerhorst J, Thome M, Zillmann E (1987) Bauernregeln und ihre Gültigkeit. Diplomarbeit im Studiengang Geographie, Univ Münster
Goetz H-W (1986) Leben im Mittelalter. Beck, München
Heimeran E (1967) Echter 100jähriger Kalender. Heimeran, München
Hellmann G (1896) Die Bauern-Praktik (von L. Reynman 1508). Neudrucke von Schriften und Karten über Meteorologie und Erdmagnetismus. Asher, Berlin

Hellmann G (1924) Versuch einer Geschichte der Wettervorhersage im 16. Jahrhundert. Abh. der Preußischen Akademie der Wissenschaften, phys.-math. Klasse, Berlin

Hellmann G (1925) Über den Ursprung der volkstümlichen Wetter- und Bauernregeln. Sitzungsbericht der Preußischen Akademie der Wissenschaften, phys.-math. Kl. Berlin

Heyd WP (1971/73) Bauernweistümer, Wetterregeln und Lostagssprüche. Bd 1 (1971), Bd 2 (1973). Dietrich, Memmingen

Lindenbein B, Malberg H (1975) Der vergangene Rekordwärmewinter im Vergleich zu den übrigen Wintern der 67jährigen Klimareihe von Berlin-Dahlem. Beilage zur Berliner Wetterkarte SO 14/75

Malberg H (2001) Meteorologie und Klimatologie. Springer, Berlin Heidelberg New York

Malberg H (2003) Die nord- und südhemisphärische Erwärmung seit 1860 und ihr Zusammenhang mit der Sonnenaktivität. Beiträge des Inst. f. Meteorologie der Freien Univ. Berlin zur Berliner Wetterkarte, SO 10/03

Naegler W (1947) Das Wetter im Sprichwort. Volk und Wissen, Verlags GmbH, Berlin/Leipzig

Pastor E (1934) Deutsche Volksweisheit in Wetterregeln und Bauernsprüchen. Verlag Deutsche Landbuchhandlung, Berlin

Pelz J (1978) Der Hundertjährige Kalender. Beilage zur Berliner Wetterkarte des Instituts für Meteorologie der Freien Universität Berlin

Roche (ohne Jahresangabe) Wie's Wetter wird – Bauernregeln im Frühling, Sommer, Herbst, Winter. Deutsche Hoffmann La Roche AG

Schmauss A (1945) Das Problem der Wettervorhersage. Akad Verlagsgesellschaft, Leipzig

Schönwiese C-D (1978) Singularitätenkalender für das nördliche und südliche Deutschland. Schule für Wehrgeophysik, Fürstenfeldbruck (unveröffentlicht)

Thran P (1990) Zur Phänologie frühblühender Kryptophyten. Landwirtsch Jahrbuch, 67, Sonderheft

v. Wilomowitz-Moelldorff T (1957) Betrachtungen zu einigen Bauernregeln. Die dt Landwirtschaft, Heft 11

# Glossar

**Abendrot** Rotfärbung des Westhimmels bei Sonnenuntergang. Bei dem langen Weg durch die unteren Luftschichten werden die Blaufarben des Sonnenlichts herausgefiltert, so daß nur noch Rot (und Gelb) bis zum Auge des Betrachters kommt.

**Ablenkende Kraft der Erdrotation** Durch die Drehung der Erde um ihre eigene Achse entsteht eine Kraft, die dafür sorgt, daß die Luftströmung auf der Nordhalbkugel um ein Hoch im Uhrzeigersinn und um ein Tief im Gegenuhrzeigersinn erfolgt, während es auf der Südhalbkugel der Erde genau entgegengesetzt ist. → Corioliskraft

**Absinken** Abwärts gerichtete Luftbewegung. Dabei erwärmt sich die Luft und wird trockener, z. B. sichtbar durch die »blauen« Lücken zwischen Wolken.

**Absolute Luftfeuchte** Gehalt der Luft an Wasserdampf in Gramm pro Kubikmeter; bei 0 °C maximal 5 $g/m^3$, bei 20 °C rund 17 $g/m^3$.

**Adiabatische Vorgänge** Temperaturänderung der Luft beim Aufsteigen und Absinken. Aufstei-

gende Luft kühlt sich in Wolken um rund 0,5 °C/100 m ab, in wolkenfreien Räumen um 1 °C pro 100 m. Absinkende Luft erwärmt sich um diese Beträge.

**Advektion** Herantransport von Luftmassen (Warm- oder Kaltluft).

**Agrarmeteorologie** Teilgebiet der Meteorologie, die sich mit den Auswirkungen von Wetter und Klima auf die Pflanzen beschäftigt.

**Alpenglühen** Purpurroter Wiederschein von den Schnee- und Kalkgipfeln der Berge. Entsteht durch das in ca. 25 km Höhe am Osthimmel kurz vor Sonnenaufgang bzw. am Westhimmel kurz nach Sonnenuntergang auftretende Purpurlicht.

**Altocumulus** Schäfchenwolke in 2,5–6 km Höhe.

**Altostratus** Graue Wolkenschicht in 2,5–6 km Höhe.

**Altweibersommer** Schönwetterperio de Ende September, Anfang Oktober, in USA Indianersommer genannt.

**Anemometer** Gerät zur Messung der Windgeschwindigkeit – halbkreisförmige Schalen werden vom Wind in Drehbewegung versetzt.

**Antizyklone** Hochdruckgebiet, z.B. Azorenhoch oder sibirisches Hoch im Winter.

**Atmosphäre** Lufthülle der Erde; wird unterteilt in → Troposphäre (bis ca. 10 km), → Stratosphäre (10–50 km), → Mesosphäre (50–80 km), → Thermosphäre (80–700 km).

**Atmosphärische Zirkulation** Großräumige Windsysteme auf der Erde – östliche Passatwinde in den Tropen, Westwinde in mittleren Breiten, Ostwinde in der Polarregion (am Boden).

**Aufgleiten** Schräg aufsteigende Luft in Verbindung mit Tiefdruckgebieten.

**Auge des Orkans** Wolkenarme und windschwache Zone inmitten eines tropischen Wirbelsturms (→ Hurrikan, → Taifun).

**Aureole** → Hof.

**Ausstrahlung** Abgabe von Wärme durch die Erdoberfläche im infraroten Strahlungsbereich.

**Azorenhoch** Hochdruckgebiet im Bereich der Azoren, das sich bis nach Mitteleuropa ausdehnen kann; mittlerer Luftdruck 1026 hPa.

**Barometer** Luftdruckmeßgerät.

**Beaufort-Skala** Einteilung der Windgeschwindigkeit in 12 Windstärken.

**Berg- und Talwind** Windzirkulation in Gebirgen bei ruhiger Wetterlage mit nächtlichem Bergwind und Talwind am Tag.

**Berliner Phänomen** Von R. Scherhag 1952 entdeckte Erwärmung der Stratosphäre von anfangs − 50 °C um 30–50 °C in wenigen Tagen durch intensives Absinken der Luft unter → adiabatischer Erwärmung.

**Bewölkung** Bedeckung des Himmels mit tiefen, mittelhohen und hohen Wolken; Angabe in Achteln von 0/8 (wolkenlos) bis 8/8 (bedeckt).

**Biometeorologie** Teil der Meteorologie, der sich mit der Wirkung von Wetter und Klima auf die Lebewesen befaßt.

**Blitz** Elektrische »Funkenentladung« zwischen positiv und negativ geladenen Teilen von Wolken bzw. zwischen Wolke und Erdoberfläche.

**Blizzard** Schneesturm in Nordamerika.

**Blutregen, Blutschnee** Durch feinen, aus der Sahara herangewehten Staub rötlich gefärbter Regen/Schnee in Mitteleuropa.

**Bodenfrost** Frost unmittelbar am und im Erdboden – durchschnittliche Abkühlung des Erdbodens unter 0 °C bis in 40–60 cm Tiefe in Winter.

**Bö** Kurzzeitiger Windstoß.

**Bora** Kalter und z. T. stürmischer Fallwind vom Gebirge an der jugoslawischen Adriaküste.

**Brockengespenst** Schattenbild des Beobachters (oder eines Flugzeuges) auf der Obergrenze einer glatten Nebel- oder Wolkenschicht, z. T. riesengroß, manchmal von farbigen Ringen umgeben.

**Buys-Ballot-Windgesetz** Hat der Beobachter den Wind »im Rücken«, liegt der tiefe Druck links, der hohe Luftdruck rechts von ihm (Nordhalbkugel).

**Castellanuswolken** Altocumuluswolk en mit türmchenartigen Aufquellungen; Vorbote für Schauer/Gewitter.

**Chamsin** Heißer Wind, z. T. als Sandsturm in Ägypten.

**Cirrocumulus** Feine Schäfchenwolken aus Eiskristallen in 6–10 km Höhe.

**Cirrostratus** Dünne Wolkenschicht aus Eiskristallen in 6–10km Höhe. (→ Halo)

**Cirruswolken** Federartig aussehende feine Eiswolken in 6–10 km Höhe am blauen Himmel.

**Corioliskraft** → Ablenkende Kraft, die auf der Nordhalbkugel nach rechts, auf der Südhalbkugel nach links zur Bewegungsrichtung wirkt.

**Cumulonimbus** Bis in 7–12 km (in den Tropen bis 17 km) Höhe reichende Schauer-/Gewitterwolke.

**Cumulus** Haufenwolke; reicht vom flachen Schönwettercumulus am blauen Himmel bis zu mächtigen, blumenkohlartigen Formen, die schließlich in → Cumulonimbus übergehen.

**Dämmerung** Zeit vor Sonnenaufgang bzw. nach Sonnenuntergang, in der die über dem Horizont liegenden und von der Sonne schon/noch angestrahlten Luftschichten Helligkeit verbreiten.

**Dampfdruck** Druckanteil des Wasserdampfes am Gesamtluftdruck, z. B. 10–20 hPa (Hektopascal) bei 1000 hPa Luftdruck.

**Donner** Geräusch bei Gewitter, entsteht infolge Erhitzung der Luft durch den Blitz, wodurch die Luft zuerst heftig ausgedehnt und dann wieder heftig kompriniert wird, so daß eine Druckwelle entsteht.

**Dürre** Außergewöhnliche Trockenheit.

**Einstrahlung** Auf der Erde ankommende Sonnenstrahlung.

**Eisglätte** Glätte durch Überfrieren nasser Straßen.

**Eisheilige** Tage vom 12.–14. (Pankratius, Servatius und Bonifazius), in Süddeutschland bis 15. Mai (kalte Sophie).

**Eiskörner** Halbdurchsichtige gefrorene Regentropfen.

**Eiskristalle** Nadeln, Säulen, Plättchen oder Sterne aus gefrorenem Wasser.

**Eisnebel** Nebelform bei sehr tiefen Temperaturen (unter − 30 °C) in polaren Breiten über offenen Wasserflächen.

**Eistag** Tag mit einer Höchsttemperatur unter 0 °C.

**Eiswolken** Wolken aus → Eiskristallen.

**Elmsfeuer** Leuchterscheinung an spitzen Gegenständen (Türme, Masten) durch das hohe luftelektrische Feld bei Gewitter (→ Luftelektrizität).

**El Nino** Heftige Regenfälle im Abstand von 4–7 Jahren in den wüstenartigen Gebieten längs der Pazifikküste Perus. Ursache dafür ist ein Warmwasservorstoß vom Äquator über das kalte Wasser des Perustroms.

**Etesien** Von April–Oktober sich regelmäßig einstellende Nordwinde über dem östlichen Mittelmeer als Folge des → Monsuns über Indien.

**Fallgebiet** des Luftdrucks: Gebiet mit fallendem Luftdruck; je stärker der Luftdruckfall, desto intensiver die Wetterentwicklung.

**Fallstreifen** Aus den Wolken ausfallender, gegen den Hintergrund sichtbarer Niederschlag, der u.U. nicht den Erdboden erreicht, wenn es unter der Wolke sehr trocken ist.

**Fallwind** Vom Gebirge absteigender Wind (→ Bora, → Föhn).

**Fata Morgana** Luftspiegelung von Bäumen, Häusern, Seen in der Wüste infolge der Überhitzung der Luft in Bodennähe.

**Föhn** Warmer und trockener Fallwind am Gebirge.

**Front** (Wetterfront): Vordergrenze von warmen bzw. kalten Luftmassen. Warmfronten sind mit ausgedehnten Wolkengebieten und Dauerregen verbunden, Kaltfronten mit schmaleren Wolkenbändern und Schauern. Durch Vereinigung der schneller ziehenden Kaltfront mit der Warmfront entsteht die Okklusionsfront.

**Frost** Lufttemperatur unter 0 °C.

**Frosttag** Tag, an dem die Höchsttemperatur über 0 °C, die Tiefsttemperatur (nachts) aber unter 0 °C liegt.

**Gegenstrahlung** Von der Atmosphäre (Wolken, Wasserdampf) aufgenommene und zur Erde gerichtete Wärmestrahlung.

**Gewitter** (Funken-)Entladung elektrisch geladener Wolken mit → Blitz und → Donner.

**Abb. 39.** Tiefdruckgürtel und wolkenarme Hochdruckgebiete im Satellitenbild.

**Glatteis** Eisüberzug der Erdoberfläche durch gefrierenden Regen.

**Gletscherwind** Eisiger Fallwind am Rande von Gletschern.

**Graupeln** 2–5 mm große Eiskörner aus vereisten Schneeteilchen (Reif-G.) oder gefrorenen Wassertropfen (Frost-G.).

**Griesel** Schneeähnliche, vergraupelte Eisnadeln.

**Großwetterlage** Über mehrere Tage wetterbestimmende Anordnung von Hoch- und Tiefdruckgebieten.

**Hagel** 5–15 mm, im Extremfall golfballgroße Eisgebilde; entstehen durch schalenartiges Festfrieren von unterkühlten Wassertropfen an Eiskernen.

**Halo** 22° oder 45° großer farbiger Ring um Sonne und Mond; entsteht durch Lichtbrechung in den Eiskristallen dünner → Cirrostratuswolken. Vorbote für Wetterverschlechterung.

**Heiligenschein** Heller Rand um den Schatten des Beobachters bei Tau auf einer gleichmäßigen Grasdecke.

**Hoch** Gebiet hohen Luftdruckes, das vom Wind im Uhrzeigersinn (Nordhalbkugel) umweht wird. Im Sommer mit warmem, sonnigem Wetter, im Herbst vielfach mit Nebel und im Winter mit Kälte verbunden, → Antizyklone.

**Höhenströmung** Windsysteme um Hochs und Tiefs in der Höhe (oberhalb 1 km).

**Hof** (Aureole): Enge Farbringe um Sonne und Mond, die beim Durchscheinen von dünnen Wasserwolken entstehen.

**Hundstage** Zeit vom 24. Juli–23. August, in der der Hundsstern (Sirius) gleichzeitig mit der Sonne aufgeht, meist sehr warme Zeit, vor allem im Mittelmeergebiet.

**Hurrikan** Tropisches Orkantief – tropischer Wirbelsturm im amerikanischen Raum mit sehr niedrigem Luftdruck (um 900 hPa) und vernichtenden Windgeschwindigkeiten bis über 250 km/h sowie heftigen Regenfällen → Auge des Orkans, → Taifun.

**Hygrometer** Gerät zur Messung des Feuchtegehalts der Luft, z. B. beim Haar-H. aufgrund der Eigenschaft von Haaren oder speziellen Kunststoffstreifen, sich mit zunehmender Feuchtigkeit auszudehnen bzw. bei abnehmendem Feuchtegehalt sich zusammenzuziehen → relative Feuchte.

**Inversion** Zunahme der Temperatur mit der Höhe bei bestimmten Wetterlagen (normal ist, daß bis 10–15 km die Luftschichten mit der Höhe kälter werden).

**Ionosphäre** Elektrisch hochleitende Luftschichten zwischen 80 km und 450 km Höhe, an denen die Radiokurzwellen reflektiert werden, wodurch Kurzwellenfunkverkehr über große Entfernungen möglich ist.

**Irisierende Wolken** Perlmuttartiges Glänzen mittelhoher (2,5–6 km) und hoher (über 6 km) Wolken.

**Isobaren** Linien in der Wetterkarte, die Orte gleichen Luftdrucks verbinden.

**Isothermen** Linien, die Orte gleicher Temperatur verbinden.

**Kälteeinbruch** Plötzlicher Temperaturrückgang durch das Heranströmen kalter Luftmassen (→ Polarluft).

**Kalme** Windschwache Zone nahe dem Äquator.

**Kaltfront** Vordergrenze vordringender Kaltluft (→ Front).

**Kaltluftsee** Ansammlung von nächtlicher Kaltluft in Tälern und Mulden.

**Klima** Mittlere Witterungsverhältnisse an einem Ort (unter Berücksichtigung der Schwankungen); wird bestimmt durch die Sonneneinstrahlung, die Lage zum Meer (maritimes und kontinentales K.) sowie durch die atmosphärische Zirkulation (tropisches K., subtropisches K., wärmegemäßigtes K., polares K.).

**Klimatologie** Lehre vom Klima.

**Kondensation** Verflüssigung von Wasserdampf zu Tropfen.

**Konvektion** Aufsteigen am Erdboden erwärmter und daher leichterer Luft bei gleichzeitigem Absinken kälterer Luft aus der Höhe. Wichtiger Vorgang bei der Bildung von → Cumulus- und Cumulonimbuswolken.

**Landregen** Stundenlang anhaltender Regen (im Winter Dauerschneefall) im Gegensatz zu den kürzeren und intensiveren → Schauern.

**Land- und Seewind** Luftzirkulation bei ruhiger Wetterlage an der Küste mit auflandigem Wind (Seewind) tagsüber und ablandigem Wind (Landwind) nachts; Ursache ist, daß tags das Land, nachts die See wärmer ist.

**Leuchtende Nachtwolken** Silbrig bis perlmuttartig glänzende faserige Wolken in 80 km Höhe, die von der unter dem Horizont stehenden Sonne angestrahlt werden.

**Luft** Gemisch verschiedener Gase, vor allem Stickstoff, Sauerstoff, Argon (Edelgas), Kohlendioxid und Wasserdampf, außerdem zahlreiche Spurengase wie Ozon, Schwefeldioxid u. a. m.

**Luftelektrizität** Immer vorhandenes elektrisches Feld, wobei die Atmosphäre im allgemeinen positiv, der Erdboden negativ geladen ist. Bei → Gewitter ist es verstärkt und zeigt große Schwankungen.

**Luftdruck** Gewicht der gesamten über einem Ort befindlichen Luftsäule pro m$^2$; mittlerer L. in Meeresniveau 1013 hPa, höchster L. 1082 hPa (Sibirisches Hoch), tiefster L. 880 hPa (→ Hurrikan).

**Luftloch** Gibt es nicht, gemeint ist ein plötzliches Absinken von Flugzeugen, bei denen die Auftriebskräfte durch → Turbulenz geschwächt werden.

**Luftmasse** Ansammlung von Luft über größeren Gebieten der Erde (Polarregion, Tropen, Subtropen) mit recht einheitlicher Temperatur und Luftfeuchte.

**Luftspiegelung** →Φ 255 Φατα Μοργανα.

**Meteorologie** Wissenschaft von den physikalischen Vorgängen in der Atmosphäre bis rd. 60 km Höhe.

**Mesosphäre** Luftschichten zwischen 50 km und 80 km Höhe, in ihnen geht die Temperatur von 0 °C an der Untergrenze auf − 100 °C an der Obergrenze zurück.

**Millibar** Alte Einheit des Luftdrucks; neue Einheit ist das Hektopascal (1 mbar = 1 hPa).

**Mistral** Unangenehmer trocken-kalter Nordwind im südlichen Frankreich, besonders im Rhônetal.

**Monsun** Von Mai bis Oktober über dem indischen Raum auftretender großräumiger Südwestwind; die vom Ozean kommende Luft verursacht die Monsunregenzeit in Indien und Ostasien. Ursache des M. ist ein Monsuntief über Nordindien, das sich bis nach Europa auswirkt → Etesien) und auch in Mitteleuropa zu einer leichten Winddrehung führt.

**Nebel** Von N. spricht man, wenn die Sichtweite unter 1 km liegt; es besteht aus kleinen Wassertröpfchen und ist eine der Erdoberfläche aufliegende, meist nur dünne Wolke. N. entsteht vor allem in klaren, windschwachen Nächten, wenn Erdboden und bodennahe Luft sich stark abkühlen.

**Nebensonne** Farbiger Fleck in Eiskristallwolken in einigem Abstand von der Sonne, ebenso hoch über dem Horizont wie diese.

**Niederschläge** →Φ 255 Ρεγεν, → Schnee, → Griesel, → Graupel, → Hagel.

**Nieselregen** Sprühregen aus kleinen Wassertröpfchen; fällt aus Wasserwolken und ist meist wenig intensiv.

**Nimbostratus** Mächtige Regenwolke, führt zu Dauerniederschlag (Regen oder Schnee).

**Normaldruck** Mittlerer Luftdruck auf der Erde in Meeresniveau, beträgt 1013 hPa.

**Normalperiode** 30jähriger Zeitraum, z. B. 1931–60, auf den zur Abschätzung von Klimaänderungen jüngere klimatologische Beobachtungen bezogen werden.

**Okklusion** → Front.

**Orkan** Schwerer Sturm mit Windstärke 12.

**Ozonschicht** Teil der → Stratosphäre in 20–3 km Höhe mit hohem Ozonanteil; Ozon wird gebildet aus Sauerstoff unter Einwirkung ultravioletter Sonnenstrahlung, es wird zerstört durch FCKW-haltige (Fluor-Chlor-Kohlenwasserstoffe) Treibgase (Freone) aus Spraydosen und Dämmschäume sowie durch Stickoxide (Autos ohne Katalysator, Industrie). Entstehung des Ozonlochs über dem Südpol in den Monaten Oktober und November.

**Passat** Sehr beständiger Nordostwind auf der Nord- und Südostwind auf der Südhalbkugel am Boden zwischen etwa 30° (z. B. dem → Azorenhoch) und dem Äquator (Tiefdruckzone).

**Perlmutterwolken** Zarte Wolken in der → Stratosphäre, die von der unter dem Horizont stehenden Sonne angestrahlt werden und perlmuttartig leuchten.

**Polarfront** Grenze zwischen polarer Kaltluft und subtropischer Warmluft. An ihr entstehen i. allg. die Tiefs der mittleren und nördlichen Breiten (Polarfrontzyklonen).

**Polarlicht** Farbenprächtige Leuchterscheinungen (wie »Vorhänge«) in der unteren → Ionensphäre (um 100 km) in hohen Breiten (Nord- bzw. Südlicht). Entstehung durch elektrisch geladene Teilchen von der Sonne, die die Luft zum Leuchten bringen.

**Polarluft** Im Polargebiet entstehende kalte Luftmasse, die mit einer nördlichen Luftströmung in Mitteleuropa zu Kälteeinbrüchen führt, unter Tiefdruckeinfluß mit Schauern und starken Windböen verbunden.

**Radiosonde** Temperatur-, Feuchte- und Luftdruckinstrumentesystem, das an Wetterballons gehängt die meteorologischen Bedingungen der höheren Luftschichten mißt. Daten werden mittels Kurzwellensender zur Erde gefunkt.

**Relative Feuchte** Verhältnis der in der Luft befindlichen Wasserdampfmenge zur bei der gemessenen Temperatur maximal möglichen. Angabe in Prozent, r. F. unter 30 % trockene Luft,

50–60 % normal feuchte Luft, 100 % gesättigte Luft (Nebel, Wolken).

**Regen** Flüssiger Niederschlag, dessen Tropfendurchmesser über 0,5 mm beträgt. (→ Sprühregen).

**Regenbogen** Farbenprächtiger kreisförmiger Bogen; entsteht durch die Zerlegung des weißen Sonnenlichts in die Regenbogenfarben in größeren Wassertropfen.

**Reibungsschicht** Unter 1000 m der Atmosphäre, wo sich die Rauhigkeit der Erdoberfläche (Berge, Städte, Wälder) auf die Luftströmung auswirkt.

**Reif** Überfrorener → Tau.

**Roßbreiten** Windschwache Zone im Bereich der Hochs in den Subtropen, z. B. des → Azorenhochs.

**Rückseitenwetter** Polarluftwetter mit Schauern, wechselnder Bewölkung und Windböen auf der Westseite der Tiefs; typisch dafür das »Aprilwetter«.

**Schauer** Kurzzeitiger, intensiver Niederschlag aus → Regen, → Schnee, → Graupel, → Hagel.

**Schäfchenwolken** Wolkenfelder aus kleinen (→ Cirrocumulus), mittelgroßen (→ Altocumulus) oder größeren (→ Stratocumulus) ballenartigen Einzelwolken; treten bevorzugt bei Hochdruckwetterlagen auf.

**Schafskälte** Kälterückfall mit regnerischem Wetter Mitte Juni.

**Schirokko** Schwülwarmer, regenreicher Südwind im Mittelmeerraum, besonders an der jugoslawischen Adriaküste.

**Schnee** In Wolken an Eiskeimen gefrierendes Wasser, verschiedenartige Formen von Eisnadeln bis zu Schneesternen.

**Schneefegen** Vom Wind aufgewirbelter Schnee.

**Schneeglätte** Glatte Schneeoberfläche infolge Zusammenpressens des Schnees durch Befahren bzw. Begehen.

**Schwüle** Feucht-warme Luft.

**Seewind** → Land- und Seewind.

**Siebenschläfer** 27. Juni bzw. nach der Gregorianischen Kalenderreform 10. Juli (Siebenbrüder).

**Sommertag** Tag mit einer Höchsttemperatur von 25 °C oder mehr.

**Sonnenscheinmesser** Glaskugel, die bei Sonnenschein auf einem Spezialpapier eine Brennspur erzeugt – zur Bestimmung der täglichen Sonnenscheindauer.

**Sprühregen** Niederschlag, bestehend aus sehr kleinen Wassertröpfchen (unter 0,5 mm).

**Stauwetterlage** Wolken- und niederschlagreiches Wetter im Luv durch das Strömen der Luft gegen ein Gebirge, z. B. auf der Alpennordseite bei nördlichen Winden.

**Steiggebiet** Gebiet mit steigendem Luftdruck (Druckanstieg).

**Strahlstrom** Zone hoher Windgeschwindigkeit (über 30 m/s bzw. 108 km/Std.) in den höheren Luftschichten (engl. Jet).

**Strahlung** Energieübertragung durch elektromagnetische Wellen, z. B. UV-Strahlung, sichtbares Licht, (infrarote) Wärmestrahlung.

**Stratocumulus** Wolkenfeld aus größeren Wolkenballen und helleren Rändern um die Einzelwolken (große Schäfchenwolken); tritt häufig in Hochs auf.

**Stratus** Gleichförmig graue niedrige Wolkenschicht, gelegentlich mit → Sprühregen verbunden, auch Hochnebel genannt.

**Stratosphäre** Teil der Atmosphäre zwischen 15 km und 50 km Höhe, in der die Temperatur rund – 50 °C an der Untergrenze auf etwa 0° an der Obergrenze im Mittel ansteigt.

**Sturm** Windstärke 9 (stürmischer Wind = Windstärke 8).

**Subtropen** Zone auf beiden Halbkugeln um etwa 25°–30° geographischer Breite; gekennzeichnet durch die S.-Hochs, z. B. Azorenhoch.

**Synoptik** Teilgebiet der Meteorologie, das sich mit den Auswirkungen der atmosphärischen Bedingungen auf das lokale und regionale Wetter befaßt. → Wettervorhersage.

**Tagesmittel** Mit allen gemessenen Werten eines Tages berechneter Mittelwert, z. B. Tagesmitteltemperatur (entsprechendes gilt für Monats-, Jahreszeiten-, Jahresmittel).

**Taifun** Bezeichnung für tropische Wirbelstürme im asiatischen Raum, → Hurrikan.

**Talwind** → Berg- und Talwind.

**Tau** Tröpfchen an Gräsern, Blättern usw. infolge nächtlicher Abkühlung aus dem Wasserdampfgehalt der Luft.

**Taupunkt** Temperatur, bis zu der sich die Luft abkühlen muß, damit sich Tau bildet.

**Temperatur** Meßzahl für den Wärmegehalt der Luft. Höchste T. auf der Erde 57,7 °C (Libyen), tiefste T. − 70 °C in Sibirien, − 88,3 °C im Südpolargebiet.

**Tief** Gebiet mit niedrigem Luftdruck und auf der Nordhalbkugel im Gegenuhrzeigersinn wehenden Winden (Südhalbkugel entgegengesetzt); meist wolken- und niederschlagsreiches Wetter.

**Tiefausläufer** Kalt-, Warm- und Okklusionsfront (→ Front) sowie → Trog, wolken- und niederschlagsreiches Wetter.

**Thermosphäre** Äußerste Schicht der Atmosphäre (80–700 km) mit Strahlungstemperaturen bis zu 700 °C, aber äußerst dünner Luft.

**Thermograph** Gerät mit einer sich drehenden Trommel zur fortlaufenden Registrierung des Temperaturgangs.

**Thermik** Aufsteigen an der Erdoberfläche erwärmter Luftblasen, → Konvektion.

**Tornado** Kleinräumiger Wirbelwind in den USA mit einigen 100 m Durchmesser und großer zerstörerischer Wirkung; entsteht in schwülwarmer Luft in Verbindung mit Gewitterwolken (→ Cumulonimbus), aus denen ein »Wolkenrüssel« zur Erde hängt (→ Windhose).

**Treibhauseffekt der Atmosphäre** Das kurzwellige Sonnenlicht wird auf dem Weg zur Erdoberfläche von der Atmosphäre kaum geschwächt. Die Wärmestrahlung des erwärmten Erdbodens wird dagegen vor allem von Wasserdampf und Kohlendioxid der Luft absorbiert und z. T. zur Erde zurückgestrahlt. Dadurch ist die Erde 30° wärmer, als sie ohne Atmosphäre wäre. Durch einen Kohlendioxidanstieg infolge Verbrennung von Kohle und Öl könnte es zu einer Temperaturzunahme, d. h. Klimaänderung der Erde kommen.

**Trog** Gebiet niedrigen Luftdrucks und niedriger Temperatur mit Schauerwetter.

**Trombe** → Windhose.

**Troposphäre** Unterste Schicht der Lufthülle der Erde (Atmosphäre), in der sich das Wetter (Wolken, Niederschlag, Gewitter) abspielt; reicht in mittleren Breiten rd. 11 km hoch, im Polargebiet 7–8 km und in den Tropen 15–17 km; in ihr nimmt die Temperatur mit der Höhe um durchschnittlich 0,65 °C pro 100 m ab.

**Tropopause** Obergrenze der Troposphäre mit einer Temperatur von rd. − 55 °C.

**Turbulenz** Ungeordnete, der mittleren Windströmung überlagerte, wirbelartige Luftbewegungen, erkennbar an den Böen (Luftunruhe); transportiert Wärme, Wasserdampf, Luftschadstoffe in die höheren Schichten.

**Unterkühltes Wasser** Wasser mit einer Temperatur unter 0 °C, kommt in den Wolken bei Regentropfen z. T. noch bei Temperaturen unter − 20 °C vor.

**Unwetter** Wetterereignis (Orkan, Starkregen), bei dem Gefahr für Menschenleben besteht.

**Verdunstung** Übergang von Wasser in Wasserdampf, tritt bei jeder Temperatur, besonders aber an warmen Tagen auf.

**Verdunstungskälte** Abkühlung durch den Wärmeentzug der Luft bei Verdunstung, beobachtbar nach Gewittern oder in der Nähe von Brunnen.

**Warmfront** Vordergrenze warmer Luft in Tiefs.

**Warmluft** Luftmasse mit hohen Temperaturen tropischen oder subtropischen Ursprungs.

**Warmsektor** Gebiet in einem Tief zwischen seiner → Warm- und → Kaltfront, angefüllt mit subtropischer Warmluft.

**Wasserdampf** Gasförmiger Zustand des Wassers; je höher die Temperatur ist, um so mehr Wasserdampf kann vorhanden sein.

**Wasserwolke** Wolken, die aus Wassertropfen bestehen, im Gegensatz zu Eis- und Mischwolken.

**Weihnachtstauwetter** Häufig auftretender Warmlufteinbruch um Weihnachten nach einem vorhergegangenen Wintereinbruch.

**Wetter** Augenblicklicher Zustand der Atmosphäre, gekennzeichnet durch Wetterelemente wie Wolken, Niederschlag, Wind, Temperatur, Nebel, Gewitter usw.

**Wetterbeobachtung** Synoptische W. der Wetterelemente (→ Wetter) alle 3 Stunden nach Greenwich-Zeit (GMT), Klimabeobachtung um 7, 14 und 21 h Ortszeit.

**Wetterhütte** Weißgestrichener, zur Durchlüftung mit Schlitzen versehener, in 1,5–2 m Höhe aufgestellter Kasten zur Aufnahme von Instrumenten zur Temperatur- und Feuchtemessung.

**Wetterkarte** Darstellung der Wetterverhältnisse zu einem Beobachtungszeitpunkt in einem größeren Gebiet.

**Wetterlage** Großräumige Verteilung der Hoch- und Tiefdruckgebiete sowie der Strömungsverhältnisse in bezug auf ein Gebiet.

**Wetterleuchten** Blitze in einiger Entfernung ohne Niederschlag beim Beobachter.

**Wettersatelliten** Künstliche Himmelskörper in rund 1000 km (polarumlaufende W.) bzw. in 36 000 km Höhe (geostationäre W.) zur Wetterbeobachtung.

**Wetterscheide** Grenzgebiet, in dem sich der Wettercharakter häufig ändert (Gebirge, Flüsse).

**Wettervorhersage** Auf den physikalischen Kenntnissen von der Atmosphäre und den täglichen Wetterbeobachtungen basierende Prognose der weiteren kurz-, mittel- und langfristigen Wetterentwicklung.

**Wind** Bewegte Luft.

**Windfahne** Meßplatte (z. B. auch Wetterhahn) zur Bestimmung der Windrichtung.

**Windgeschwindigkeit** Weg der Luft pro Zeiteinheit, Angabe in Meter pro Sekunde, in Knoten (1 kn = 1,85 km/h), in Kilometer pro Stunde oder in Windstärken (0 = Windstille, 12 = Orkan), → Anemometer.

**Windhose** In Mitteleuropa auftretende schwächere Variante des → Tornados.

**Wirbelsturm** → Hurrikan, → Taifun, → Tornado, → Windhose.

**Witterung** Wettercharakter eines längeren Zeitraums, z. B. unbeständig.

**Wolken** Aus Wassertropfen, Eiskristallen oder beidem bestehende Gebilde. Je nach der Höhe ihrer Untergrenze unterscheidet man: hohe Wolken (→ Cirrus, → Cirrocumulus, → Cirrostratus), mittelhohe Wolken (→ Altostratus, → Altocumulus) und tiefe Wolken (→ Stratus, → Stratocumulus, → Cumulus, → Cumulonimbus und → Nimbostratus). Tiefe W. haben eine Untergrenze unter 2,5 km, mittelhohe W. zwischen 2,5 und 6 km, hohe W. oberhalb von 6 km.

**Zyklone** → Tief.

GPSR Compliance
The European Union's (EU) General Product Safety Regulation (GPSR) is a set of rules that requires consumer products to be safe and our obligations to ensure this.

If you have any concerns about our products, you can contact us on

ProductSafety@springernature.com

In case Publisher is established outside the EU, the EU authorized representative is:

Springer Nature Customer Service Center GmbH
Europaplatz 3
69115 Heidelberg, Germany

www.ingramcontent.com/pod-product-compliance
Lightning Source LLC
LaVergne TN
LVHW010255260326
834688LV00044B/1295